Hartmut Wendt, Vojtech Plzak (Hrsg.) · Brennstoffzellen

Brennstoffzellen

Herausgegeben von
Prof. Dr. Hartmut Wendt
Dr.-Ing. Vojtech Plzak

VDI-Verlag GmbH

Verlag des Vereins Deutscher Ingenieure · Düsseldorf

CIP-Titelaufnahme der Deutschen Bibliothek

Brennstoffzellen / hrsg. von Hartmut Wendt; Vojtech Plzak. –
Düsseldorf: VDI-Verl., 1990
    ISBN 978-3-540-62111-9   ISBN 978-3-662-00874-4 (eBook)
    DOI 10.1007/978-3-662-00874-4
NE: Wendt, Hartmut (Hrsg.)

ISBN 978-3-540-62111-9

Vorwort

Der Begriff Brennstoffzelle existiert seit rund 100 Jahren. Es hat aber mehr als 70 Jahre gedauert, bis die ersten, technisch einsetzbaren und gebrauchsfähigen Brennstoffzellen für die Raumfahrt entwickelt wurden, die zunächst beim Gemini-Flug und dann bei jedem weiteren und größeren Raumfahrtunternehmen einen wesentlichen Beitrag für die Energieversorgung der Raumkapseln leisteten. Die terrestrische Anwendung von Brennstoffzellen ließ länger auf sich warten, da Brennstoffzellen zunächst außerordentlich teuer waren und deswegen ihre Anwendung auf die Raumfahrt beschränkt blieb. Dann ging man daran, Brennstoffzellen für den militärischen Bereich zu entwickeln und einzusetzen, weil auch hierfür die Kosten praktisch keine Rolle spielten.

Erst in den letzten sieben bis acht Jahren erlebte dann die Brennstoffzellentechnik eine Ausweitung in den normalen Nutzungsbereich der Blockheizkraftwerke durch ein Demonstrationsvorhaben der UTC (heute: IFC) in den USA, in dem gezeigt wurde, daß phosphorsaure Brennstoffzellen mit 40 kW zuverlässige Aggregate und Wandler darstellen, die (bis auf die Kosten) den Vergleich mit normalen BHKW-Anlagen nicht zu scheuen brauchen. Nach dem Ende dieses Demonstrationsversuches erwachte weltweit das Interesse an Brennstoffzellen für die Verstromung von fossilen Brennstoffen, insbesondere von Methan und von Kohlegas. Außer in den Vereinigten Staaten beschäftigte man sich jetzt auch in Japan mit großem materiellem und personellem Aufwand an der Entwicklung der phosphorsauren Brennstoffzelle, die heute kurz vor der Kommerzialisierung steht, und schloß folgerichtig die Entwicklung der Karbonatschmelzenzelle an.

Seit drei Jahren gibt es nun auch in Europa, und zwar in den Niederlanden, in Italien und in der Bundesrepublik Deutschland Aktivitäten auf dem Gebiet der Großbrennstoffzellenentwicklung im Leistungsbereich zwischen 10 kW und 1 MW, die gänzlich losgelöst von der Entwicklung der sehr teuren Brennstoffzellen für Raumfahrt und Militär verlaufen. Es ist heute abzusehen, daß neben der phosphorsauren Technik, die wahrscheinlich noch zehn bis fünfzehn Jahre das Erscheinungsbild der kommerziellen Brennstoffzellentechnik prägen wird, die Hochtemperaturtechniken der

Karbonatschmelzen- und der oxidkeramischen Technik zur technischen Reife entwickelt werden, so daß sie für die kommerzielle Nutzung in zehn bis zwanzig Jahren zur Verfügung stehen werden. Diese Zellen sind besonders interessant wegen ihres außerordentlich hohen Wirkungsgrades der Verstromung gasförmiger Energieträger, der mit 60 bis nahezu 70 % bedeutend höher liegt als der Wirkungsgrad der besten heute existierenden Wärmekraftprozesse (GuD-Prozesse).

Diese Entwicklung bildete den Hintergrund zu einem Industrieseminar über Brennstoffzellen, das von dem Zentrum für Sonnenenergie und Wasserstofforschung in Stuttgart abgehalten wurde. Die dort gehaltenen Vorträge sind von den Autoren zum Abdruck ausgearbeitet und ausgeweitet worden und liegen nun in diesem Buch vor.

Die Herausgeber danken den Autoren für Ihre Beiträge und hoffen, daß nach drei weiteren Jahren ein ähnlich angelegtes Seminar stattfinden kann, dessen Inhalt die inzwischen in eigenen Entwicklungsarbeiten erzielten Ergebnisse auf dem Gebiet der Großbrennstoffzellentwicklung sein werden.

Stuttgart, im Oktober 1989

Hartmut Wendt
Vojtech Plzak

Inhalt

VIII

1 Überblick

1.1 Brennstoffzellen

Typen, Daten, Entwicklungslinien

H. Wendt und V. Plzak
ZSW Stuttgart

I Zusammenfassung

Brennstoffzellentypen

Man unterscheidet – geordnet nach der Arbeitstemperatur und Art des Elektrolyten

1. Brennstoffzellen mit alkalischen (30 Gew.-% KOH) Elektrolyten – **ABZ** (engl. AFC); Arbeitstemperatur 60° bis 90° C

2. Brennstoffzellen mit protonenleitenden Membranen als Elektrolyt – **PMBZ** (engl. PEMFC; auch PEFC oder SPFC); Arbeitstemperatur 60° bis 80° C

3. Brennstoffzellen mit phosphorsaurem (vorwiegend 103 % H_3PO_4) Elektrolyten – **PSBZ** (engl. PAFC); Arbeitstemperatur 160° bis 220°C

4. Brennstoffzellen mit Alkalikarbonat-Schmelzelektrolyten – **KSBZ** (engl. MCFC); Arbeitstemperatur 600° bis 650°C

5. Oxidkeramische Brennstoffzellen mit ZrO_2 als sauerstoffionenleitender Keramik – **OKBZ** (engl. SOFC); Arbeitstemperatur 800° bis 1 000°C

1.1.1 Verwendung der unterschiedlichen BZ-Techniken

1.1.1.1 Niedertemperatur-Leichtbrennstoffzellen

Die Niedertemperaturzellen – alkalische Technik und Membrantechnik – sind als sogenannte Leichtbrennstoffzellen mit günstigen leistungsspezifischen Gewichten besonders gut für mobile Anwendungen geeignet. Raumfahrt und mobile, geräuscharme Stromquellen für militärische Verwendung waren bisher die wichtigsten Anwendungen, zu denen in Zukunft unter der Voraussetzung einer drastischen Verbilligung der Herstelltechnik und der Kosten der Systeme der Elektroantrieb von Nutzfahrzeugen – insbesondere von Stadtbussen – kommen könnte. Brenngas ist für alkalische Zellen Reinstwasserstoff und Reinstsauerstoff. Der Reinwasserstoff wird z. B. durch Methanolreformierung gewonnen. Als Oxidans wird außer Reinsauerstoff auch entkarbonisierte Luft ($C(CO_2) < 3$ ppm) verwendet. Bei der Membranbrennstoffzelle reicht es jedoch, im Wasserstoffstrom den CO-Gehalt unter 0,1 % zu senken, und als Oxidans kann unbehandelte Luft benutzt werden. Eine besondere Einheit zur Regelung des Wasserhaushaltes der Zellen ergänzt die Niedertemperatursysteme. Eine Abwärmenutzung ist nicht möglich. Der Wirkungsgrad der Wasserstoffverstromung liegt bei alkalischen Zellen bei etwa 60% (OHW).

1.1.1.2 Phosphorsaure BZ-Systeme

Die phosphorsauren Zellsysteme nehmen eine mittlere Stellung zwischen den Niedertemperatur- und Hochtemperaturzellen ein. Sie arbeiten mit Systemwirkungsgraden der Verstromung von rd. 40%. Da sie bei rund 200°C betrieben werden, kann ihre Abwärme noch als Prozeßwärme sowie zur Raumheizung genutzt werden, so daß Gesamtnutzungsgrade von mehr als 80% erreicht werden. Sie eignen sich besonders gut für den BHKW-Betrieb.

Angeboten werden heute 200-kW(el)-Systeme, die Erdgas verstromen, zum Systempreis von 570000 US $. Anlagen von MW-Größe sind im Probebetrieb, und in Japan werden mehrere Anlagen mit einer Leistung von 11 MW gebaut. Als Brenngas wird konvertiertes, aus Methan hergestelltes Reformergas mit einem CO-Gehalt von weniger als 2% verwendet. Die Kathode wird mit unbehandelter Luft gespeist.

1.1.1.3 Hochtemperatur-Brennstoffzellen

Die Karbonatschmelzenzelle besitzt ebenso wie die Oxidkeramikzelle ein relativ ungünstiges leistungsspezifisches Gewicht, das den mobilen Einsatz vorläufig verbietet. Ihr hoher Wirkungsgrad, insbesondere bei der Erdgasverstromung, sowie ihre hohe Arbeitstemperatur, die eine Nutzung der Abwärme zur zusätzlichen Elektrizitätserzeugung über Dampfturbinen ermöglicht, prädestiniert sie für den Einsatz sowohl im BHKW-Betrieb wie auch in großen Kraftwerken, speziell im 100- bis 1000-MW-Bereich. In solchen Großanlagen wird es möglich, nicht nur die Hochtempe

2

raturabwärme der Zellen, sondern auch die chemische Restenthalpie des Anodengases – das in den Zellen nur bis zu 80 % umgesetzt wird – in nachgeschalteten GuD-Anlagen zur Stromerzeugung auszunutzen, so daß Systemwirkungsgrade von 60 % und mehr erwartet werden können. Als Brenngas kann sowohl Erdgas als auch Kohlegas verwendet werden. Als Oxidationsmittel dient Luftsauerstoff.

1.1.1.4 Herstelltechniken

1.1.1.4.1 Brennstoffzellen der Niedertemperatur- (ABZ, PMBZ) und der Mitteltemperaturtechnik (PSBZ) werden heute industriell von einigen wenigen Herstellern gebaut und angeboten. Das Charakteristikum der alkalischen Niedertemperaturzellen und der phosphorsauren Zelle ist die Verwendung von PTFE-gebundenen Elektroden. Auch die Zellkörper und sonstigen Zellkomponenten, die mit den aggressiven Elektrolyten in Kontakt stehen, werden aus PTFE oder anderen chemisch sehr widerstandsfähigen Kunststoffen wie z. B. Epoxidharz oder PEEK hergestellt, so daß diese Herstelltechnik eine typische Domäne der kunststoffverarbeitenden Industrie im mittelständischen Bereich sein könnte. Die wärme- und gastechnischen Untereinheiten (Methanol- und Methanreformer, PSA- und Membrananlagen zur Wasserstoffreinigung sowie Dünnschichtverdampfer und Pervaporationsanlagen zur Regelung des Wasserhaushaltes als auch geeignete Wärmetauscher) wären ein Arbeitsgebiet der mittelständischen apparatebauenden Industrie.

1.1.1.4.2 Hochtemperaturzellen des Karbonatschmelzen- und des oxidkeramischen Typs werden heute noch nicht industriell hergestellt. Dennoch weiß man schon recht gut über die Herstellungstechniken Bescheid.

Dominierend für beide Techniken sind in der Herstellung keramische und sintertechnische Arbeitsverfahren. Außerdem spielt die Bearbeitung von hochtemperaturfesten Legierungen eine wichtige Rolle, ebenso wie die Herstellung von verfahrenstechnischen Zusatzaggregaten wie Wärmetauschern, heterogenkatalytischen Reaktoren, Gaswäschern und dergleichen für derartige, besonders für Großanlagen vorgesehene Brennstoffzellen. Die Herstellung großer Brennstoffzellenanlagen – vor allem aber der zugehörigen Gastechnik – wäre eine Domäne des Anlagen- und Apparatebaus.

Man schätzt eine Entwicklungszeit von 10 bis 15 Jahren für die Karbonatschmelzentechnik sowie von 20 bis 25 Jahren für die Oxidkeramik-Technik.

1.1.2 Energiewirtschaftliche Bedeutung von Brennstoffzellen

Brennstoffzellen als elektrochemische Energiewandler unterliegen nicht den Wirkungsgradbeschränkungen thermischer Kreisprozesse. Sie weisen theoretische Wirkungsgrade der Stromerzeugung von bis zu 80% auf. Obwohl man jedoch heute schon phosphorsaure Brennstoffzellensysteme von 200 kW anbietet und in Japan eine Anlage mit 11 MW gebaut wird, spielen sie noch keine wesentliche Rolle in der Energiewandlungstechnik.

Die heutigen Energiewandlungssysteme zur Stromerzeugung fußen in der Bundesrepublik zu etwa 34% auf Nuklearenergie und zum Rest hauptsächlich auf der Verbrennung von Braun- und Steinkohle. Der Wirkungsgrad von verbesserten Großkraftwerken herkömmlicher Bauart geht heute nicht erheblich über 42% hinaus; in Kraftwerken mit integrierter Kohlevergasung will man in der nahen Zukunft einen Wirkungsgrad von 45% erreichen. Bei den erdgasbefeuerten, modernen kommerziellen GuD-Anlagen werden heute elektrische Wirkungsgrade um 51% erreicht, in Zukunft wird man mit dieser Kraftwerkstechnik maximal 55% erzielen. Dieser Wirkungsgrad dürfte mit GuD-Kraftwerken nur noch schwerlich gesteigert werden können.

Wir werden aber weltweit gezwungen sein, in den nächsten zwanzig bis dreißig Jahren den anthropogenen CO_2-Ausstoß erheblich zu senken. Die Einführung neuer Energiewandlungssysteme mit deutlich höheren Wirkungsgraden, als sie heutige Kraftwerke auf Basis fossiler Energie aufweisen, wäre ein Weg hierzu, den auch die Entwicklungsländer mitbeschreiten könnten. Bei ihnen ist anerkanntermaßen eine breite Einführung der Nukleartechnik schwer vorstellbar. Andererseits muß jedoch in der Dritten Welt noch ein erheblich steigender Energiebedarf, insbesondere an Elektrizität erwartet werden.

Brennstoffzellen können – je nach Typ – theoretische Wirkungsgrade für die Zellenumsetzung alleine zwischen 70 und 80% (bei Methanverstromung sogar nahezu 100%) aufweisen. In der Praxis kommen sie auf von Wärmekraftmaschinen nicht erreichbare Systemwirkungsgrade der Stromerzeugung zwischen 55 und 65% (Erdgas als Brennstoff; Tabelle 1.1-2). Obwohl sie eigentlich Wasserstoff verstromen, also als Stromgeneratoren gut in eine zukünftige Wasserstoffenergietechnik passen, lassen sie sich doch bereits heute, lange vor Einführung einer denkbaren Wasserstoffenergiewirtschaft, zur technischen Stromerzeugung durch Verstromung von Kohlegas oder Methan mit sehr hohem Wirkungsgrad nutzen.

Sie können daher gerade wegen ihres hohen Wirkungsgrades schon vor Einführung von Wasserstoff als Energieträger wirksam zur Senkung der CO_2- Emission beitragen. Ein Wechselbetrieb, bei dem z. B. Wasserstoff und Methan (Erdgas) im Wechsel eingespeist werden, ist bei Brennstoffzellen, die für Methanbetrieb konstruiert wurden, ohne Schwierigkeiten möglich.

Die modularisierte Bauweise von Brennstoffzellenanlagen läßt auch kleine Leistungseinheiten ohne Einbuße an Wirkungsgrad zu, was einerseits für den Einsatz in dezentralen Energieinfrastrukturen der Entwicklungsländer von großer Bedeutung ist und andererseits die angepaßte Nutzung von Abwärme erleichtert. Weiterhin ist der Verstromungswirkungsgrad von Brennstoffzellen über einen sehr breiten Lastbereich (z. B. von 60 bis 110 % Nennlast) fast unabhängig von der Leistung.

Seit rund 20 Jahren arbeitet man in den Vereinigten Staaten unter erheblichem Mittelaufwand an der Entwicklung der phosphorsauren Brennstoffzellentechnik, der man dort vor rund fünf Jahren zum technischen Durchbruch verholfen hat. Jetzt bemüht man sich mit noch größerem Mitteleinsatz in USA, Japan und neuerdings in Holland und in der EG um die technische Entwicklung der Karbonatschmelzen-Brennstoffzelle, die sowohl für den BHKW-Betrieb wie für den Einsatz in Großkraftwerken geeignet ist. Darüber hinaus wird an der Entwicklung der oxidkeramischen Zelle, die gleichfalls für den Großkraftwerkbetrieb gedacht und besonders gut für ihn geeignet ist, gearbeitet.

1.1.3 Brennstoffzellentypen und ihre Verwendung (Tabelle 1.1-1)

Man unterscheidet zweckmäßigerweise Niedertemperaturbrennstoffzellen (80 bis 120 °C), die sich als Leichtbrennstoffzellen vor allem für die Elektrotraktion eignen würden, von den Mittel- und Hochtemperaturbrennstoffzellen, die sich, eingesetzt in stationären BHKW-Anlagen und in großen Kombikraftwerken, die Brennstoffzellen und GuD-Anlage vereinen, besonders zur Stromerzeugung in größerem (100 kW bis 100 MW) bis sehr großem Maßstab (100 MW bis 1 000 MW) anbieten.

Für Niedertemperatur-Brennstoffzellen gibt es die alkalische sowie die (Ionentauscher)-Membranzellen (auch Polymerzellen genannt), für die Mitteltemperaturtechnik (um 200 °C) die phosphorsaure und für die Hochtemperaturtechnik die Karbonatschmelzen- (rund 660 °C) und oxidkeramische (bis 1 000 °C) Technik. Die Benennung der Zellen richtet sich nach dem verwendeten Elektrolyten; alkalisch: eine 30 gew.-%ige Kaliumhydroxid (KOH)-Lösung; phosphorsauer: konzentrierte Phosphorsäure (H_3PO_4); Karbonatschmelzen: eine Schmelzenmischung aus Lithium- und Kaliumkarbonat (Li_2CO_3/K_2CO_3), Oxidkeramik: Zirkondioxid (ZrO_2).

1.1.4 Brenngase, Prozeßtechnik und Wirkungsgrade (Tabelle 1.1-2)

1.1.4.1 Allgemeines

Alkalische Zellen sind CO_2-empfindlich. Sie benötigen hochgereinigten, d. h. CO_2-freien Wasserstoff und Sauerstoff. Die Membran- und phosphorsauren Zellen kommen mit aus Methan hergestelltem Reformergas (Zusammensetzung: nach der CO-Konvertierung ca. 70% H_2; ca. 25% CO_2, Rest: CH_4) und Luft aus. Die Hochtemperaturzellen verbrennen elektrochemisch Reformergas oder Kohlegas mit unbehandelter Luft, wobei heute der Reformierprozeß für die bei 660°C arbeitenden Karbonatschmelzenzellen noch außerhalb der Zelle durchgeführt wird. Man experimentiert aber bereits heute mit Erfolg an der Verlegung des Reformierprozesses in die Zelle hinein. Dadurch sollen Investitionskosten deutlich gesenkt **und** durch innere Nutzung der Jouleschen Wärme des Zellenprozesses für den Reformierprozeß die Wirkungsgrade deutlich heraufgesetzt werden. Da die Karbonatschmelzenzelle an der Kathode auf CO_2-Zufuhr, die man durch Rückführung des Anodengases sicherstellt, angewiesen ist, scheint sie für reinen Wasserstoffbetrieb wenig geeignet. Eher wäre an gemischten Methan/Wasserstoffbetrieb zu denken. Die oxidkeramische Zelle (ca. 1000°C) benötigt grundsätzlich keine äußere Reformierung, sie muß aber durch besondere Maßnahmen gegen die Abscheidung von Crackruß geschützt werden.

Wie man aus der Tabelle 1.1-2 erkennt, sinkt der theoretische Wirkungsgrad der Zelle für die Verstromung von Wasserstoff aus thermodynamischen Gründen mit der Erhöhung der Temperatur ($\eta_{el} = \Delta G / \Delta H$; ΔG sinkt mit T) von 83% bei den Niedertemperaturbrennstoffzellen auf rund 73% bei der oxidkeramischen Technik (1000°C) ab. Dieser Effekt wird aber gleichzeitig durch den Abbau der kinetischen Hemmungen der Elektrodenreaktionen infolge thermischer Aktivierung mehr als kompensiert, so daß im Betrieb mit Wasserstoff – mit Ausnahme der phosphorsauren Brennstoffzelle – durchweg praktische Zellenwirkungsgrade um 60% oder gar bis 65% für die Methanverstromung erreicht werden. In der phosphorsauren Zelle muß man sich – durch materialtechnische Bedingungen, insbesondere durch die Instabilität des Kohlenstoffs in der Kathode, beschränkt – noch mit 55% Zellenwirkungsgrad begnügen.

Alle BZ-Typen, mit Ausnahme der H_2/O_2-gespeisten alkalischen Zelle, setzen aus prozeßtechnischen Gründen in der Regel je nach Typ nur 75 bis 90 % des Wasserstoffs bzw. des wasserstoffreichen Brenngases oder Methans (Oxidkeramikzelle) um. Soweit sie reinen Wasserstoff verbrennen können – wie z. B. phosphorsaure Zelle oder die oxidkeramische Zelle – können auch sie den Wasserstoff zu nahezu 100 % umsetzen. Die Enthalpie des die Zelle verlassenden Restgases wird je nach dem Systemtyp der Anlagen (Leitgröße: Temperaturbereich) und der Art des eingesetzten Energierohstoffes (Erdgas, Kohlegas) auf unterschiedliche Weise ausgenutzt.

1.1.4.2 Erdgasverstromung

1.1.4.2.1 Phosphorsaure Zelle

Bei der mit noch relativ niedrigen Temperaturen arbeitenden phosphorsauren Technik und auch bei den Karbonatschmelzen-BZ mit äußerer Reformierung verbraucht man das Brennstoffgas nur zu rund 80 % und verbrennt das Restgas mit Luft zur Heizung des vorgeschalteten, bei rund 850 °C endotherm arbeitenden Reformers. Die kommerziellen phosphorsauren Brennstoffzellenanlagen erreichen auf diese Weise – und umgerechnet auf den Enthalpiegehalt des Primärrohstoffs Methan bzw. Erdgas von rund 35,8 MJ/Nm^3 (UHW von Methan) – bei einem Zellenwirkungsgrad von 55 % einen elektrischen Systemnutzungsgrad von rund 40 %. Zudem kann die Abwärme der Zellen als Nutzwärme in Form von 40 bis 80 °C (optional ein Teilstrom mit 150 °C) heißem Wasser (ggf. Wasserdampf) ausgekoppelt werden. Man erreicht Gesamt-Systemnutzungsgrade von bis zu 80 %.

1.1.4.2.2 Karbonatschmelzen- und oxidkeramische Technik

Bei der Karbonatschmelzentechnik mit äußerer Reformierung verfährt man prozeßtechnisch ähnlich wie bei der phosphorsauren Technik. Auch hier wird das Restgas der Zellen zum Heizen des Reformers miteingesetzt, jedoch ist sein Anteil wegen der hohen Betriebstemperatur der Zellen (660 °C) kleiner, so daß die Hochtemperatur-Restabwärme und evtl. auch ein Teil des Restgases zwecks zusätzlicher Stromerzeugung in einer nachgeschalteten konventionellen Dampfturbine bzw. in einer GuD-Einheit ausgenutzt werden können. Bei der wärmetechnisch wesentlich günstigeren Verlagerung der Erdgasreformierung direkt in die Zelle kann über die Abwärme und die Restenthalpie entsprechend mehr an elektrischer

Leistung über den GuD-Prozeß herausgeholt werden. So steigt der elektrische Gesamtwirkungsgrad eines solchen Kombikraftwerkes mit der Karbonatschmelzen-BZ von rund 50 % (48 bis 55 % je nach der Art der Restenergienutzung) um rund 10 % auf ca. 60 %. Der Beitrag der nachgeschalteten Stromerzeugung liegt je nach der Systemauslegung bei ca. 20 bis 30 % der insgesamt produzierten elektrischen Energie.

Da die Hochtemperaturzellen ohne Edelmetallkatalysatoren auskommen, stört der CO-Gehalt des Brenngases nicht; auch die Anfälligkeit der Elektroden gegen Schwefelvergiftung sinkt mit der Temperaturerhöhung. Nachteil der Karbonatschmelzentechnik ist, daß dem Kathodengas (Luft oder Sauerstoff) Kohlendioxid zugesetzt werden muß. Dieser CO_2-Anteil wird (unverändert) auf die Anodenseite überführt und mit dem Restbrenngas abgegeben. Er wird anschließend auf die Kathode zurückgeführt.

In den bei rund 1000 °C arbeitenden oxidkeramischen Brennstoffzellen kann man die Abwärme der Zelle im nachgeschalteten GuD-Prozeß insbesondere in der Gasturbine noch besser nutzen. Außerdem entfällt hier die Reformierung des Methans in der üblichen Form völlig, d. h. die Nickelanoden übernehmen hier auch die Funktion des Reformerkatalysators und setzen das Methan mit Wasserdampf direkt um. Der Wirkungsgrad des mit oxidkeramischen Zellen ausgestatteten Kombikraftwerks sollen um 5 bis 10 Prozentpunkte über dem der Karbonatschmelzentechnik liegen.

1.1.4.3 Brenngasoptionen

1.1.4.3.1 Kohlegasverstromung

Der Betrieb von BZ-Systemen auf Kohlebasis ist mit Kohlegas (einer Mischung aus CO, H_2 und CO_2) nach vorgeschalteter Kohlevergasung und Schwefelentfernung nicht nur prinzipiell möglich, sondern für die weitere Zukunft auch anzustreben. Kohlegasverstromung ist wegen der nur in großtechnischem Maßstab durchführbaren Kohlevergasung lediglich in den beiden Hochtemperaturzellentypen im MW-Bereich sinnvoll. Während beim Karbonatschmelzen-BZ-Kombikraftwerk das Kohlenmonoxid des Kohlegases mit Wasserdampf im Anodenraum zu CO_2 und H_2 konvertiert werden muß, ist damit zu rechnen, daß oxidkeramische Zellen CO im Kohlegas auch ohne Zusatz von Wasserdampf direkt verstromen können. Der erreichbare elektrische Gesamtwirkungsgrad eines solchen Kombikraftwerkes – wieder mit nachgeschaltetem GuD-Prozeß – auf der Basis der Karbonatschmelzentechnik liegt wegen der höheren Energieverluste

8

luste bei der Kohlevergasung um 8 bis 10 Prozentpunkte niedriger als der Systemwirkungsgrad der Erdgasverstromung. Dennoch ist er mit den geschätzten 50 bis 52% immerhin deutlich höher als die Wirkungsgrade der mit modernster Technik ausgestatteten Kohlegroßkraftwerke (zum Vergleich: modernste konventionelle Feuerungstechnik und Wirbelschichtverfeuerung: 43 bis 44%; Kohlevergasung mit nachgeschaltetem GuD: 43 bis 45%).

1.1.4.3.2 Biogasverstomung

Für den Betrieb mit Biogas gilt im Prinzip das gleiche wie für den Erdgasbetrieb. Wegen der dezentralen Betriebsweise in kleinerem Maßstab würde sich für die Biogasverstromung zuerst die phosphorsaure Technik anbieten. Aufgrund des relativ hohen Schwefelgehaltes im Biogas und der damit verbundenen Vergiftungsgefahr der Anode müßte hier zusätzlich eine Entschwefelungsvorrichtung installiert werden, die die maximal erlaubte mittlere Konzentration von 10 mg Schwefel/Nm^3 im Rohgas garantieren würde. Es wäre außerdem zu prüfen, ob und wie weit die in Faulgasen enthaltenen Chlorverbindungen den Reformer- und BZ-Betrieb beeinträchtigen könnten. Auch hier wäre nach der Lösung des Chlorproblems (Korrosion) der spätere Einsatz der Hochtemperatur-Brennstoffzellentechnik, insbesondere der rohgasseitig universeller einsetzbaren Oxidkeramiktechnik mit ihrer relativen Schwefelunempfindlichkeit der Anode, denkbar.

1.1.4.3.3 Wasserstoffbetrieb

Alle BZ-Typen können mit reinem Wasserstoff als Brenngas bei der Einsparung der gesamten Gasaufbereitung (Reformer bzw. Kohlevergasung) betrieben werden. Der Wasserstoff wird zu fast 100% in den Zellen verbraucht, denn nur wenige Prozent (1 bis 2%) gehen durch Ausschleusung mit inertem Restgas verloren. Bei der Karbonatschmelzentechnik muß dem Wasserstoff Wasserdampf zugemischt und das anodisch entwickelte Kohlendioxid im Zellsystem im Kreis geführt werden, d. h. hier müßte eine CO_2-Rückgewinnungsstufe zusätzlich eingeplant werden. Die Systemwirkungsgrade von auf Wasserstoffbasis arbeitenden BZ-Anlagen weichen nicht wesentlich von den angegebenen praktischen Zellenwirkungsgraden ab (siehe Tabelle 1.1-2). Bei Hochtemperaturanlagen kann in großen Kraftwerken die Hochtemperaturabwärme der Zellen über eine zugeschaltete Dampfturbine zur zusätzlichen Stromerzeugung genutzt werden. Auf diese Weise könnten in einem solchen wasserstoffgespeisten Kombikraftwerk Gesamtwirkungsgrade von rund 70% erreicht werden.

1.1.4.4 Das Oxidationsmittel

Mit Ausnahme der alkalischen Zellen, die ein CO_2-freies Oxidans benötigen und z. T. mit Reinstsauerstoff betrieben werden, können alle Zellentypen mit Luft als Oxidans versorgt werden. Da der Betrieb mit sauerstoffangereicherter Luft (oder gar mit Sauerstoff allein) zu etwas höheren Wirkungsgraden führt, könnte es sich unter Umständen lohnen, eine O_2-Aufkonzentrierungseinheit (Membran- oder Adsorptionstechnik) oder eine Luftzerlegung vorzuschalten. Allerdings scheint vorläufig ein O_2-Betrieb in phosphorsauren Brennsoffzellen nur unter Beachtung besonderer Vorsichtsmaßnahmen möglich. In diesem Fall darf die Zellenstromdichte nicht unter einen gewissen Mindestwert gesenkt werden. Auf gar keinen Fall darf die Zelle unbelastet unter Sauerstoff stehen.

1.1.5 Emissionen (CO_2, NO_x, SO_2)

Wird Wasserstoff als primäres Brenngas zusammen mit Sauerstoff als Oxidans eingesetzt, so entsteht nur Wasser bzw. Wasserdampf und grundsätzlich kann jede Schadstoffemission vermieden werden. Dies gilt selbst für die heiße Oxidkeramikzelle bei Luftbetrieb. Die dort freigesetzte Menge an NO_x ist ohne Bedeutung.

Die **CO_2-Emissionen** hängen – wie bei herkömmlichen Kraftwerken auch – vom verwendeten primären Brennstoff ab. Da jedes chemisch gebundene Kohlenstoffatom letztendlich als CO_2 in die Atmosphäre entlassen wird, entscheidet der erzielbare Systemwirkungsgrad der Energiewandlung über die pro erzeugter kWh emittierte CO_2-Menge. Daraus folgt, daß die erdgasbetriebenen Brennstoffzellen der phosphorsauren Technik mit ihrem 40%igen Wirkungsgrad mehr CO_2 emittieren als die ebenfalls im BHKW-Bereich einsatzfähigen modernsten, erdgasbefeuerten GuD-Anlagen mit ihrem 52%igen Wirkungsgrad. Im Vergleich zu herkömmlichen BHKW mit einem elektrischen Wirkungsgrad von rund 38% schneiden sie jedoch nicht schlecher ab. Auf der anderen Seite bringt der vorgesehene Einsatz der Hochtemperatur-Brennstoffzellentechnik mit angekoppeltem GuD-System sowohl bei der Erdgas- als auch bei der Kohlegasverstromung infolge der Steigerung des Gesamtwirkungsgrades (Zahlen in der Tabelle 1.1-2 sowie oben) eine entsprechende Verminderung des CO_2-Ausstoßes um rund 15%.

Der z. Z. maßgebliche und unbestrittene Vorteil der BZ-Kraftwerkstechnik gegenüber der konventionellen, mit der „heißen" Verbrennung arbeitenden Kraftwerkstechnik liegt eindeutig bei den **Stickoxid(NO_x)-Emissionen.** Die Brennstoffzelle, die nach dem Prinzip der sogenannten „kalten Verbrennung" arbeitet, setzt fast kein NO_x frei. Im ungünstigen Fall der 1000°C heißen Oxidkeramikzelle werden beim Einsatz von Luft als Oxidans (NO_x-Quelle) nur maximal 7% der theoretisch zu erwartenden NO_x-Menge frei, was rund 0,7 mg NO_x pro erzeugter kWh entspräche. Die Hauptemittenten im Gesamtsystem eines Kombikraftwerkes stellen hier die Peripherieaggregate dar, so die GuD-Einheit und bei Systemen mit vorgeschalteter Reformierung oder Kohlevergasung die mit Luft betriebenen Zusatzfeuerungen. Im Fall des phosphorsauren Systems (im BHKW-Bereich) rechnet man mit maximal 15 bis 20% des NO_x-Wertes, der heute bei erdgasbefeuerten BHKW mit der Gasmotortechnik erreicht wird. Nach Herstellerangaben betragen die NO_x-Emissionen der käuflichen erdgasbetriebenen phosphorsauren 200-kW-Anlagen mit konventionellen Reformerbrennern maximal 90 mg NO_x/kWh(el). Durch den Einsatz moderner, NO_x-emissionsarmer Brenner ist je nach Verbrennungsart mit einer weiteren Reduzierung auf 10 bis 30 mg NO_x/kWh(el) zu rechnen. Nach den Schätzungen für unterschiedliche Kohlewandlungstechnologien soll der NO_x-Ausstoß bei einem 20-MW-Kombikraftwerk mit der Karbonatschmelzen-BZ/GuD-Technik nur noch bei 30 mg NO_x/kWh(el) liegen. Die Zusammenstellung auf der nächsten Seite (Systemwirkungsgrade nochmals in Klammern) macht zudem deutlich, daß man hier auf eine kostspielige katalytische NO_x-Abgasreinigung verzichten kann.

Die **SO_2-Emissionen** werden durch den Schwefelgehalt des eingesetzten Rohstoffs bestimmt. Hinzu kommt – und dies geschieht bei der modernen Feuerungstechnik auch, sofern man keine schwefelarme Kohle oder Erdgas zur Verfügung hat – daß die Schwefelverbindungen zum großen Teil bei der Brennstoffaufbereitung abgetrennt und als elementarer Schwefel ausgeschleust werden. Wegen des niedrigen Schwefelgehaltes von Erdgas

Kohlevergasung
- mit Karbonatschmelzen-BZ + GuD (52%)   30 mg NO_x/kWh(el)
- GuD allein   (45%)   390 mg NO_x/kWh(el)

Kohleverfeuerung
- in Wirbelschicht mit Luft   (43%)   500 mg g O_x/kWh(el)
- konventionell   (39%)   3 300 mg NO_x/kWh(el)
                                                      ohne $DeNO_x$*
                                                      630 mg NO_x/kWh(el)
                                                      mit $DeNO_x$

Erdgasverstromung in Großkraftwerken
- mit Karbonatschmelzen-BZ + GuD (60%)   30 mg NO_x/kWh(el)
- GuD alleine   (51%)   < 100 mg NO_x/kWh(el)

Erdgasverstromung in BKHW
- mit phosphorsaurer BZ   (40%)   10-30 mg NO_x/kWh(el)
- mit Gasmotor   (39%)   1 740 mg NO_x/kWh(el)
                                                      ohne $DeNO_x$
                                                      350 mg NO_x/kWh(el)
                                                      mit $DeNO_x$

emittiert die phosphorsaure BZ-Anlage wie auch andere erdgasbefeuerte Kraftwerke praktisch vernachlässigbare 0,13 mg SO_2/kWh(el), und bei den mit (entschwefeltem) Kohlegas beschickten Karbonatschmelzen-BZ-GuD-Kombikraftwerken der 20-MW-Klasse sollen die SO_2-Emissionen etwa gleich groß sein wie die der konkurrierenden Feuerungstechniken, nämlich ca. 150 mg SO_2/kWh(el). Zum Vergleich: Konventionelle Steinkohlekraftwerke mit REA emittieren 630 mg SO_2/kWh(el).

Ganz analog zu der letzten Betrachtung liegen die **Staubemissionen** der konventionellen Kohlekraftwerksarten bei ca. 140 mg/kWh(el). Bei Kraftwerken mit nachgeschalteter Rauchgas- oder Rohgas(Kohlevergasung)-Wäsche wird so gut wie kein Staub mehr freigesetzt. Mit dem sauberen

---

* 630 mg NO_x/kWh entspricht dem durch die TA-Luft vorgeschriebenen Grenzwert von 200 mg NO_x/Nm^3 ($DeNO_x$ = Drei-Wege-Katalysator). Die Daten für konventionelle Kraftwerkstechniken wurden von Dr. Meyer, EVS, Stuttgart und von Dr. Hassmann, Siemens, Erlangen, zur Verfügung gestellt.

Erdgas als Energierohstoff emittiert die phosphorsaure BZ-Anlage vernachlässigbare 13 µg/kWh(el). Diese Bestandsanalyse ist noch durch die **Emissionen** von **CO** und von **Kohlenwasserstoffen (HC)** zu vervollständigen. Hierzu liegen – soweit bekannt – nur Angaben zu der phosphorsauren Technik vor: Die gasbetriebenen 200-kW-Anlagen emittieren rund 870 mg CO bzw. 90 mg HC pro erzeugter elektrischer kWh.

Zu ergänzen wäre, daß der Betrieb jeglichen BZ-Typs für sich allein vibrationsfrei und geräuschlos ist. Meßbare **Geräuschentwicklung** verursachen im Falle der phosphorsauren BZ-Anlagen lediglich die Peripherieaggregate wie Lüfter und Ventile (60 dB in 10 m Entfernung vor der Anlage). Bei den größeren Kombikraftwerken mit der Hochtemperatur-BZ stellt die zugeschaltete Gasturbine bzw. die GuD-Anlage den größten Geräuschemittenten dar. Wegen des geringen Anteils dieser Zusatzstromerzeuger an der gesamten Kraftwerksleistung von nur rund 20 % dürfte die Geräuschbelästigung hier im Vergleich zu Anlagen mit ausschließlichem GuD-Betrieb wesentlich geringer ausfallen.

1.1.6 Spezifische Anwendungsbereiche und Systemkosten (Tabelle 1.1-3)

Brennstoffzellenanlagen werden modular – aufbauend auf Grundmodulen von 100 bis 300 kW – aufgebaut. Dieses Auf- und Ausbauprinzip begünstigt ihre Erprobung und Einführung zunächst im Nischenbereich der Blockheizkraftwerke. Es dürfte aber die Verbesserung und schnelle Weiterentwicklung der Technik auch in Großkraftwerken begünstigen, weil es einen partiellen Austausch der Zellenblöcke bei intakter und unveränderter Zellenperipherie ermöglicht.

Die phosphorsaure Brennstoffzelle (Mitteltemperaturtechnik, rund 200 °C) steht heute in Leistungsbereichen von 200 kW für Kraftwärmekopplung in BHKW-Anlagen für Systempreise von rund 2 800 US $/kW(el) kommerziell zur Verfügung und man hofft, in absehbarer Zeit die spezifischen Investitionskosten auf 1 500 US $ pro kW senken zu können. Diese Angaben aus einer amerikanischen Quelle wurden durch Angaben einer japanischen Firma bestätigt. Dort wurden die leistungsspezifischen Systemkosten einer 200-kW-Anlage mit 1 800 US $/kW abgeschätzt, wenn mehr als 500 Einheiten verkauft werden können. Bei geringerer Stückzahl steigen die Kosten entsprechend bis auf 12 000 US $/kW bei nur vier abgesetzten Einheiten. Falls der Markt erschlossen werden kann, rechnet man sogar mit Systemkosten von nur rund 1 000 US $/kW, was aus heutiger

Sicht bereits in die Nähe der Investitionskosten von Gasmotoren-BHKW vergleichbarer Leistung kommt (ca. 700 US $/kW).

Dieser Sachverhalt läßt bei vorsichtiger Einschätzung nach intensiver weiterer Entwicklung Systemkosten auch für die Hochtemperaturbrennstoffzellentechniken in Höhe von rund 1000 US $/kW und weniger als möglich erscheinen. Es wäre jedoch verfrüht, für diese Techniken (Karbonatschmelzen-BZ und oxidkeramische BZ) schon jetzt verläßlich Herstellkosten abzuschätzen. Es lassen sich deshalb ehrlicherweise für Hochtemperaturbrennstoffzellen heute nur Zielkosten angeben.

Demgegenüber kann man eine positive Prognose über die Ausweitung des Verwendungsbereichs der Leichtbrennstoffzellen – insbesondere der alkalischen Zelle – über den Bereich der Raumfahrt und militärischen Nutzung hinaus in den Bereich der Elektrotraktion wegen der vorläufig noch viel zu hohen Systemkosten, die zwischen 30000 und 100000 DM/kW liegen, noch nicht stellen. Hier müssen die verwendeten Verarbeitungstechniken erst gründlich auf ihr Kostensenkungspotential hin untersucht werden, ehe man an die Abschätzung erweiterter Verwendungsmöglichkeiten denken kann.

1.1.7 Stationäre Stromerzeugung in Brennstoffzellen-Großkraftwerken

Brennstoffzellen-Großanlagen erfordern in der Regel eine Ergänzung der Brennstoffzelle durch eine Zusatzanlage, die fühlbare Wärme und chemische Enthalpie nicht vollständig aufgezehrter Anodengase restlos ausnutzt, denn man setzt die Brenngase im Interesse hoher Wirkungsgrade nur zum Teil um. Man verbrennt die Gase in einer nachgeschalteten GuD(Gas- und Dampfturbinenprozeß)-Anlage, die im Dampfturbinenteil auch die Abwärme der Zelle nutzt, kombiniert also ein thermisches Kraftwerk modernster Bauart mit der Zelle, um möglichst hohe Gesamtwirkungsgrade des Systems für die Stromerzeugung zu erzielen. Die Abwärmenutzung durch Wärmeauskopplung bei 80°C ermöglicht bei der phosphorsauren Brennstoffzelle einen 80%igen Gesamtnutzungsgrad. Die niedrige Nutzwärmetemperatur wird durch die niedrige Arbeitstemperatur bedingt. Auch bei Hochtemperaturanlagen ließe sich prinzipiell noch Nutzwärme bei etwa 150°C auskoppeln. Allerdings ist diese Option vor allem für kleine Anlagen überwiegend im BHKW-Bereich interessant.

Für die Prozeßtechnik der HT-Zellen könnte es künftig sehr interessant werden, durch Rezirkulation abgetrennter nicht verbrauchter Brenngase zu einem 100%igen Gesamtumsatz in der Zelle zu gelangen.

14

1.1.8 Vorteile der Erdgas- und Kohlegasverstromung mit stationären leistungsfähigen Brennstoffzellenkraftwerken der Hochtemperaturtechnik

Brennstoffzellen als hocheffiziente Energiewandler müssen an der Effektivität, den Emissionen und den Kosten von GuD-Anlagen gemessen werden.

GuD-Anlagen auf Erdgasbasis erreichen heute einen Wirkungsgrad von 52 % (in Zukunft 55 %). Man hat Grund zur Annahme, daß weitere spürbare Wirkungsgradverbesserungen bei GuD-Anlagen nur noch mit relativ hohen Entwicklungs- und zusätzlichen Investitionskosten zu erreichen sind. Die Investitionskosten für GuD-Anlagen liegen bei rund 800 DM/ kW. Die Emissionen der BZ- und BZ-GuD-Kombikraftwerke liegen bei Verwendung von entschwefeltem Erdgas bzw. Kohlegas bei weitem unter den gesetzlich vorgeschriebenen Werten. Der Bau einer $DeNO_x$-Anlage erübrigt sich also.

Für Karbonatschmelzenbrennstoffzellen mit angeschlossener GuD-Anlage werden mit Erdgas als Primärenergieträger nach dem heutigen Stand der Entwicklung der Zelle 60 % Wirkungsgrad des Systems projektiert. Die Zelle hofft man in Zukunft für 1000 DM/kW herstellen zu können. Wird die BZ-Anlage auf Kohlebasis betrieben, so werden unter Einschluß der Kohlevergasung und der Kohlegasreinigung Systemwirkungsgrade von 50 bis 52 % projektiert. Die SO_2-Emissionen sind vernachlässigbar, hinter der nachgeschalteten Gasturbine zur Restenergienutzung ist jedoch mit NO_x-Emissionen zu rechnen. Die Kosten einer solchen Anlage wären bis auf die Investitionen für die Kohlevergasung und Gasreinigung die gleichen wie für Erdgasverstromung. Für die oxidkeramische Brennstoffzellentechnik wäre mit Kosten zu rechnen, die mit denen der Karbonatschmelzentechnik vergleichbar sind. Allerdings besitzt die oxidkeramische Technik durch die Vereinfachung des Gesamtsystems verfahrenstechnische Vorteile gegenüber der Karbonatschmelzen-Technik.

1.1.9 Entwicklungsaufwand und Entwicklungsstand der Mitteltemperatur- und Hochtemperatur-Brennstoffzellentechnik (Tabellen 1.1-3 und 1.1-4)

Leichtbrennstoffzellen stehen bislang nur in relativ kleinen Modulen von bis zu 10 kW zur Verfügung. Phosphorsaure Brennstoffzellen wurden vor rund sieben Jahren erstmals in einer größeren Serie mit einer Leistung von 40 kW von IFC (International Fuel Cells Corp.) produziert und in einem Feldversuch mit 42 Einheiten über drei Jahre getestet. Dieser Feldversuch, der 1987 beendet wurde, bedeutete den technischen Durchbruch für diesen Brennstoffzellentyp. Jetzt baut IFC eine 100er Serie von Einheiten mit 200 kW, die für einen Optionspreis von 2 800 US $/kW angeboten werden, von denen die Japaner allein 26 Systeme geordert haben. Man spricht davon, daß bei einer größeren Serienproduktion eine weitere Verbilligung auf rund 1 500 US $/kW zu erwarten ist. Man hat in Japan bereits zwei modular aufgestockte Anlagen mit 1 MW aufgebaut und für drei Jahre betrieben. Eine 11-MW-Anlage geht demnächst dort in Betrieb.

Seit rund neun Jahren verfolgen in den USA – gefördert vom DOE (Department of Energy) – drei Firmen die Entwicklung der Karbonatschmelzenzelle, nämlich IGT (Institute of Gas Technology), IFC und vor allem ERC (Energy Research Corp.); Westinghouse betätigt sich auf dem Gebiet der Oxidkeramikzelle. Die Japaner haben sich den Amerikanern angeschlossen und arbeiten – teilweise gemeinsam mit ihnen – vor allem auf dem Gebiet der phosphorsauren und Karbonatschmelzenzelle.

Sowohl in den USA wie in Japan laufen die ersten 10-kW-Einheiten der Karbonatschmelzentechnik. In Europa arbeitet man seit drei Jahren bei ECN (Netherlands Energy Research Foundation) in Petten, Holland, an der Karbonatschmelzentechnik des eingekauften IGT-Know-hows mit einem Personalaufwand von 55 Mannjahren/Jahr.

In den Vereinigten Staaten hat der Staat bisher rund 500 Mio. US $ an Fördermitteln für die Brennstoffzellenentwicklung aufgewendet und in Japan wird man für die Brennstoffzellenentwicklung innerhalb des moonligth-Projektes über 15 Jahre insgesamt etwa die gleichen Aufwendungen machen.

In der Bundesrepublik ist bis 1981 ein erheblicher Entwicklungsaufwand auf dem Gebiet der alkalischen (Siemens, Varta) und der phosphorsauren Technik (AEG) getrieben worden. Diese Bemühungen wurden seit 1981 nicht mehr öffentlich gefördert und allein Siemens hat den Bau und Vertrieb alkalischer Zellen zunächst vor allem für den Antrieb von U-Booten und später für die Raumfahrttechnik weiter betrieben. Die oxidkeramische Technik wurde von BBC (heute ABB) in einem vom BMFT geförderten Programm weiterentwickelt. Auch diese Aktivitäten wurden Anfang der 80er Jahre eingestellt. Nur Dornier hat im Zusammenhang mit dem HOT ELLY-Projekt kontinuierlich die oxidkeramische Technik weiterentwickelt. Seit 1988 ist eine entscheidende Wende eingetreten. Man hat nicht nur im Zusammenhang mit dem HERMES-Projekt die Arbeiten an der alkalischen Zelle wieder aufgenommen (Siemens, Dornier, Varta, Elenco/

Belgien), sondern Siemens und ABB arbeiten wie auch Dornier an der oxidkeramischen Technik und Siemens, FhI-ISE und TH Darmstadt arbeiten an der Karbonatschmelzenzelle.

1.1.10 Etappen auf dem Weg der Einführung der Brennstoffzellen in die Kraftwerkstechnik und veranschlagter Entwicklungszeitraum

Die Entwicklung neuer Energiewandlungssysteme beansprucht sehr viel Zeit, schon weil die Standzeitprüfung neuer Anlagentypen wenigstens fünf Jahre erfordert. So ist auch und gerade bei der Entwicklung hocheffizienter Brennstoffzellensysteme der Hochtemperaturtechnik als einer ganz neuen Technik mit Entwicklungszeiten von wenigstens 10 bis 15 Jahren zu rechnen.

Einer Einführung der Brennstoffzellentechnik in unsere Energiewirtschaft während der nächsten 10 bis 15 Jahre stehen aber noch vielfältige Hindernisse im Wege, allen voran die mögliche Konkurrenz hocheffektiver GuD-Kraftwerke, die heute mit Wirkungsgraden von rund 52 % zur Verfügung stehen und mit deren Detailtechnik die Energietechniker im Gegensatz zu den ganz neuartigen Brennstoffzellensystemen wenigstens im Prinzip vertraut sind, sowie das Fehlen jeglicher technischer Erfahrung mit Brennstoffzellenkraftwerken. Insofern und angesichts der geschätzten, notwendigen Entwicklungszeiten (15 Jahre für die Karbonatschmelzentechnik bis zur Einsatzreife und mindestens 20 Jahre für die oxidkeramische Technik) ist nur eine abgestufte, über mehrere Jahrzehnte angelegte Entwicklung denkbar und praktikabel:

Nach Versuchen mit vorläufig noch nicht wirtschaftlich betriebenen, aber kommerziell verfügbaren BHKW-Anlagen der phosphorsauren Technik der 200-kW-Klasse während der nächsten fünf bis sieben Jahre wird sehr wahrscheinlich deren wirtschaftlicher Betrieb mit verbesserten, billigeren und größeren Anlagen folgen.

In etwa zehn Jahren könnten die ersten Pilotanlagen der Karbonatschmelzentechnik im BHKW-Bereich folgen, von denen nach 15 bis 20 Jahren die ersten Großanlagen in Betrieb gehen können. Etwa in zehn Jahren kann man mit dem Bau der ersten Pilot-BHKW-Kraftwerke der oxidkeramischen Technik rechnen, die neben dem ebenfalls sehr hohen Wirkungsgrad die einfachste Systemtechnik und die beste Wirtschaftlichkeit verspricht.

Brennstoffzellenanlagen werden modular unter räumlicher Trennung der Gastechnik, der Zelle und der Invertertechnik aufgebaut und vergrößert. Dies erleichtert einerseits die ständige Verbesserung der Technik in kurzen Zeitabständen von fünf bis sieben Jahren und bedeutet andererseits eine große Hilfe beim Ersatz einer Brennstoffzellentechnik durch eine andere am gleichen Ort.

1.1.11 Literatur

Assessment of Research Needs for Advanced Fuel Cells. (ed. *S.S. Penner*) Energy (Oxf.) **11**, (1986) 1/229

Proceedings of the CEC-Italian Fuel Cell Workshop. Taormina June 4/5 1987 (ed. *P. Zegers*). The Commission of the European Communities, Brüssel, 1987

Fuel Cells. Trends in Research and Application. (ed. *A.J. Appleby*) Springer-Verlag, Berlin, 1987

Fuel Cell Technology and Applications, International Seminar, 26/29 Oct. 1987 (ed. *PEO*) Den Haag, 1987

K. Kinoshita, F.R. McLarnon, E.J. Cairns: Fuel Cells. A Handbook. U.S. Dept. of Energy, DOE/METC-88/6096 (1988), Avail. NTIS Energy Distrib. Center, P.O. Box 1300, Oak Ridge, TN 37831, USA

K. Kordesch, J.C.T. Oliveira: Fuel Cells: The Present State of the Technology and Future Applications, with Special Consideration of the Alkaline Hydrogen/Oxygen (Air) Systems. Int. J. Hydrogen Energy **13**, (1988) 411/427

H. Wendt, W. Jenseit: Elektrochemische Energieumwandlung in Brennstoffzellen. Chem. Ing. Tech. **60**, (1988) 180/186

Program and Abstracts of Natl. Fuel Cell Seminar. Long Beach Oct. 23/26 1988 (ed. *Courtesy Assoc.*), Washington DC, 1988

H. Wendt: Techniken zur energetischen Verwendung von Wasserstoff. S. 42/64 in „Wasserstoff als Energieträger. Technik, Systeme, Wirtschaft" (eds. *C.-J. Winter, J. Nitsch*), 2. Auflage, Springer-Verlag, Berlin, 1989

H. Böhm: Stand der Brennstoffzellentechnik, insbesondere der Wasserstoff-Stromerzeugungssysteme. In Vortragsveröffentlichungen Nr. 528, Haus der Technik (ed. *E. Steinmetz*), Vulkan-Verlag, Essen, 1989

H. Wendt, W. Jenseit, M. Fischer, W. Schnurnberger: Brennstoffzellen – Stand der Technik, Entwicklungen, Märkte und Entwicklungschancen der Hochtemperatur-Brennstoffzellen. S. 221/234. In Wasserstoffenergietechnik II, VDI-Bericht 725, VDI-Verlag, Düsseldorf, 1989

K. Kordesch, J.C.T. Oliveira, P. Kalal, M. Reindl, M. Schulz: Fuel Cell R & D – Towards a hydrogen economy. Electric Vehicle Developments **8**, (1989) 25/26

M. Fischer: Wasserstofftechnik. Chem. Ing. Tech. **61**, (1989) 124/135

S. Srinivasan: Fuel Cells for Extraterrestrial and Terrestrial Applications. J. Electrochem. Soc. **136**, (1989) 41C/48C

H. Wendt: Phosphorsaure Brennstoffzellen mit Kraft-Wärme-Kopplung. BWK **41**, (1989) 463/466

Fuel Cell RD & D in Japan (ed. *Fuel Cell Development Information Center*), June 1989. Avail. The Institute of Applied Energy, SY Bldg., 1-14-2, Nishishinbashi, Minato-ku, Tokyo 105, Japan

G. Friedrichs: Aspekte der Brennstoffzellentechnologie. Gas Wärme Int. **38**, (1989) 480/487

K. Kinoshita, G. G. Scherer: Electrochemical Energy Conversion and Storage. Chimia **43**, (1989) 243/245

W. Vielstich: Einsatzmöglichkeiten und Stand der Technik von Brennstoffzellen. VGB Kraftwerkstechnik **69**, (1989) 559/562

H. Böhm: Brennstoffzellen. Technischer Stand und Anwendungsmöglichkeiten. Erdöl und Kohle, Erdgas, Petrochemie **42**, (1989) 361/365

K. Kinoshita: Status of Molten Carbonate Fuel Cell Technology. Prog. Batteries Sol. Cells 1989, 264/267

Proceedings of the First International Symposium on Solid Oxide Fuel Cells. Miami Oct. 15/20 1989 (ed. *S. C. Singhal*), Proc. – Electrochem. Soc. PV **89-11**, (1989)

Proceedings of the Symposium on Fuel Cells. San Francisco Nov. 6/7 1989 (eds. *R. E. White, A. J. Appleby*). Proc. – Electrochem. Soc. PV **89-14**, (1989)

K. Kordesch, M. Reindl: Fuel Cells in Electrochemical Reactors: their Science and Technology. Part A. pp. 450-509 (ed. *M. I. Ismail*) Elsevier, Amsterdam, 1989.

A. J. Appleby, F. R. Foulkes: Fuel Cell Handbook. Van Nostrand Reinhold-Verlag, New York, 1989

D. S. Cameron: World Development of Fuel Cells. Platinum Metals Rev. **34**, (1990) 26/36

Proceedings of the Grove Anniversary Fuel Cell Symposium. London Sept. 18/21 1989 (ed. *D. G. Lovering*). J. Power Sources **29**, (1990) Heft 1-2

Proceedings of the First International Fuel Cell Workshop. Tokyo Sept. 16 1989. Avail. Lab. for Electrocatalysis for Fuel Cells Faculty of Engineering, Yamahashi University, Takeda 4-3, Kofu 400, Japan (Kurzfassung: *M. Watanabe, P. Stonehard*: Platinum Metals Rev. **34**, (1990) 77/80)

A. J. Appleby, G. J. Richter, J. R. Selmann, A. Winsel: Conversion of Hydrogen in Fuel Cells. pp. 373-495. In Electrochemical Hydrogen Technologies (ed. *H. Wendt*) Elsevier, Amsterdam, 1990.

Fuel Cells and their Applications – Power Sources – Sensors. Dicuss. Meeting, Bonn March 21/23 1990. Die Beiträge erscheinen im Heft 9 der Ber. Bunsenges. Phys. Chem. **94** (1990)

Tabelle 1.1-1: Anwendungsbereiche von Brennstoffzellentypen

	Zellentyp	Arbeitstemp.	Herstelltechniken	Derzeitige spez. Kosten DM/kW(el)**
A) mobile Anwendung / Elektrotraktion Niedertemperatur-BZ / Leicht-BZ:	Alkalische BZ	60 - 90°C	Polymer-/Kunststoff-techniken	> 30 000
	Membran-BZ	80°C	Polymer-/Kunststoff-techniken	50 000
B) Blockheizkraftwerke (BHKW) (100 kW bis 10 MW) Mitteltemperatur-BZ:	Phosphorsaure BZ	160 - 220°C	Polymer-/Kunststoff-techniken	5 600[+]
C) BHKW und Großkraftwerke im Verbund mit GuD-Einheiten* Hochtemperatur-BZ:	Karbonatschmelzen-BZ	660°C	HT-Materialtechniken (Keramik, Stähle)	(2 000***)
	Oxidkeramische BZ	800 - 1000°C		

* Zur Abwärme- und Restenthalpienutzung des Brenngases
** Annahme: 1 US $ = 2 DM
*** Zielgrößen
+ Für die nächste Serie von IFC wurden US $ 1500 (DM 3000)/kW angekündigt

Tabelle 1.1-2: Brennstoffzellen: Energierohstoffe und Wirkungsgrade

| BZ-Typ[°] | T-Bereich (Zelle)/°C | Brenngas (primär) | Oxidant | Systemkomponenten | elektr. Wirkungsgrade | | | Kommentar |
					Zelle theor.	Zelle prakt.	System*	
Alkalisch	60-90	reinst H_2	reinst O_2	Zelle, Wasserausschleusung, (Inverter)	83%	60%		CO_2-empfindlich
Membran	ca. 80	H_2	O_2, Luft	Zelle, Wasserausschleusung, (Inverter)	83%	60%		CO-empfindlich
Phosphor sauer	160-220	Methan (Erdgas), H_2	O_2, Luft	Reformer, Zelle, Inverter, Wärmetauscherverbund, Druckwechsel-adsorption	80%	55%	40%	CO-empfindlich
Karbonat-schmelzen	660	Methan (Erdgas), Kohlegas, H_2	O_2, Luft	Kohlevergasung oder Reformer; Zelle, Inverter und GuD-Anlage zur Wärme- und Restenthalpie-nutzung	78%	55-65%	48-55%[+] ca. 60%[++]	CO_2 muß im Kreislauf der Zelle geführt werden
Oxidkera-misch	800-1000	Methan (Erdgas), Kohlegas, H_2	O_2, Luft		73%	60-65%	55-60%[++]	Reformierung von Brenngasen kann entfallen

[°] Die Benennung des Zellentyps richtet sich nach dem Zellenelektrolyten; alkalisch: 30 Gew.% KOH, Membran: protonenleitende Ionentauschermembran (z. B. Nafion[R]), phosphorsauer: 103% H_3PO_4, Karbonatschmelzen: geschmolzenes Li_2CO_3/K_2CO_3, Oxidkeramik: stabilisiertes ZrO_2

* Basis: Methan, 80% Umsatz des Brenngases in der Zelle; Oxidans: Luft (beim Einsatz von Kohlegas sinken die Systemwirkungsgrade um ca. 8 bis 10 Prozentpunkte); Bezugspunkt: unterer Heizwert (UHW)

[+] externe Reformierung

[++] interne Reformierung, hier sind 70% Wirkungsgrad bei Verbesserung der Zelle denkbar

Tabelle 1.1-3: Brennstoffzellen Stand der Entwicklung

Technologien	Stand der Entwicklung	spez. Systemkosten** DM/kW(el)
Niedertemperatur-/Leichtbrennstoffzellen für militärische und Weltraumnutzung		
– Alkalisch / 60-80°C	Für Spezialmärkte (Militär, Raumfahrt) Stand der Technik, Anbieter Siemens und Elenco (Belgien), sehr teuer; Entwicklungen von billigeren Techniken bei Astris (Kanada) und Varta	> 30 000
– Membranen / 80°C	Spezialmärkte, teurer Stand der Technik (Membrankosten), aber Potential für Kleinaggregate und Elektrotraktion; BTC-Technologie (USA) mit Nafion^R- oder Dow-Membranen erhältlich; Siemens baut in Lizenz von General Electrics U-Boot-BZ	ca. 50 000
Mittel- und Hochtemperatur-Brennstoffzellenanlagen für stationäre Elektrizitätserzeugung (BHKW und Großanlagen)		
– Phosphorsauer / 160-220°C	Keine eigene Entwicklung in Europa*; in USA und Japan einsatzreif und beginnende Kommerzialisierung; IFC: 42 Einheiten zu 40 kW mit Langzeiterprobung z. T. über 40 000 h, z. Z. Bau und Verkauf von 100 Einheiten zu 200 kW In Japan: 4.6-MW-Versuchsanlage (1983 bis 1986, TEPCO), 2 x 1-MW-Anlagen, 1 x 11-MW-Anlage	5 600 → 3 000***
– Karbonatschmelze / 600-660°C	Intensive Entwicklung (Korrosionsproblematik, neue Materialien) in USA, Japan und seit 1986 in Holland, größte Einheiten: z. Z. 10 kW mit Langzeiterprobung bis zu 40 000 h neuerdings bei MBB (ERC-Technologie)	Zielkosten: 1 000 - 2 000
– Oxidkeramik / 900-1 000°C	Entwicklungen in USA (1-3 kW, Westinghouse) und BRD (Dornier/ Lurgi und neuerdings auch bei ABB und Siemens)	

* Entwicklung bei AEG, die zum Bau eines 10-kW-Moduls führte, wurde 1984 abgebrochen
** Basis 1988, 1 US $ = 2 DM
*** DM 3 000 / kW für Liefertermine ab 1993 (200 kW, IFC); Zielkosten: DM 1 600 / kW (zentral) bis DM 2 500 / kW (BHKW)

Tabelle 1.1-4: Brennstoffzellen Entwicklungsaufwand

Land	Technik	Entwicklungskosten
USA	Phosphorsaure, Karbonatschmelzen- und Oxidkeramiktechnik	500 Mio US $ (DOE)
Japan	Phosphorsaure, Karbonatschmelzen- und Oxidkeramiktechnik	400-500 Mio US $ (moonlight-program, MITI)
Holland	Karbonatschmelzentechnik 3 Jahre mit 55 Mannjahren/a Aufwand geschätzt	30 Mio DM
Bundesrepublik	Oxidkeramische Technik als Erweiterung des HOT-ELLY-Programms	2 Mio DM
EG	JOULE-Programm: Leicht-BZ, Karbonatschmelzen- und Oxidkeram. Technik (Membran-Technik)	20 Mio ECU

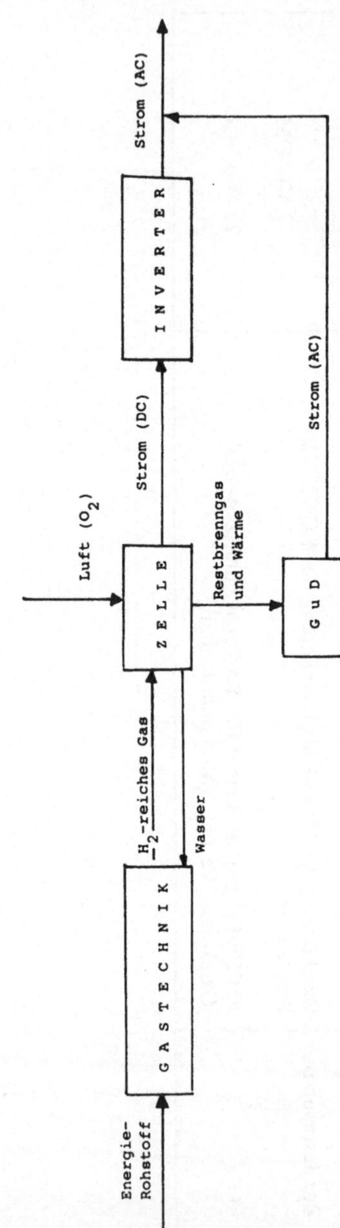

Bild 1.1-1: Prinzipieller Aufbau eines BZ-Kraftwerkes

2 Alkalische Brennstoffzellen

2.1 Die alkalische Siemens-Brennstoffzelle in Kompaktbauweise

K. Straßer
Siemens AG, Erlangen

2.1.1 Allgemeines

Die Umwandlung chemischer Energie geschieht im allgemeinen über die Erzeugung von Wärme und deren Umwandlung in einer Wärmekraftmaschine in mechanische Energie, die im Elektrogenerator wiederum in elektrische Energie umgewandelt wird. Der Wirkungsgrad dieser Umwandlungskette ist begrenzt durch den Carnot-Faktor und liegt üblicherweise im Bereich zwischen 25 bis 40 %. Diese Begrenzung entfällt bei der direkten Energieumwandlung auf elektrochemischem Wege in Brennstoffzellen. Seit Anfang der 60er Jahre wurde eine Reihe unterschiedlicher BZ-Systeme untersucht. Sie lassen sich charakterisieren durch Verwendung unterschiedlicher

- Brennstoffe
- Oxydationsmittel
- Elektrolyte
- Katalysatoren
- Elektroden
- Zellkonstruktionen.

Besondere Bedeutung haben bis heute nur Brennstoffzellen mit Wasserstoff als Brennstoff und Sauerstoff oder Luft als Oxydationsmittel erlangt. Die Brennstoffzellentypen, die sich weltweit in der Entwicklung befinden, können in

- Niedertemperatur-Brennstoffzellen (AFC, SPFC)
- Mitteltemperatur-Brennstoffzellen (PAFC)
- Hochtemperatur-Brennstoffzellen (MCFC, SOFC)

eingeteilt werden. Nur eine dieser Typen – nämlich die Niedertemperatur-Brennstoffzelle mit Wasserstoff und Sauerstoff als Reaktanden – kann als

Energiewandler in einem Speichersystem eingesetzt werden (Bild 2.1-1).
Bei diesem Prinzip handelt es sich um die Umkehrung der Wasserelektro-
lyse.

Bild 2.1-1: Brennstoffzellen-Anlage

Ihre erste Bewährungsprobe haben Niedertemperatur-Brennstoffzellen als
Stromversorgungsaggregate bei den amerikanischen Raumfahrtprojekten
Gemini und Apollo bestanden.

Für ihren Einsatz sind folgende Eigenschaften von Vorteil:

- der Gesamtwirkungsgrad ist nicht begrenzt durch den Carnot-Faktor,
- bei Teillast steigt der Wirkungsgrad an,
- die Energiedichte des Brennstoffzellensystems ist deutlich höher als die
  des Akkumulators,
- die gesamte gespeicherte elektrische Energie ist durch die Größe der H_2-
  und O_2-Tanks gegeben,
- der modulare Aufbau sowie die elektrische Reihen- und Parallelschaltung der BZ-Module ergibt eine gute Redundanz,
- die Brennstoffzelle arbeitet geräuschlos, ohne Abgas, bei geringem
  Wartungsaufwand.

Siemens entwickelt seit vielen Jahren Brennstoffzellen. Einen besonderen
Schwerpunkt bildeten die Arbeiten auf dem Gebiet der alkalischen Was-
serstoff-Sauerstoff-Brennstoffzelle (Bild 2.1-2). Diese Brennstoffzelle ist
gekennzeichnet durch die Verwendung von gestützten Gasdiffusionselektroden und zwischen den Elektroden frei beweglichem, flüssigem Elektrolyten. Bei der Reaktion wird Wasserstoff an der Anode oxidiert und Sauerstoff an der Kathode reduziert. Die Reaktionsprodukte Wasser und Wärme

26

verdünnen den Elektrolyten und heizen ihn auf. Er besteht üblicherweise aus sechs bis sieben molarer Kalilauge.

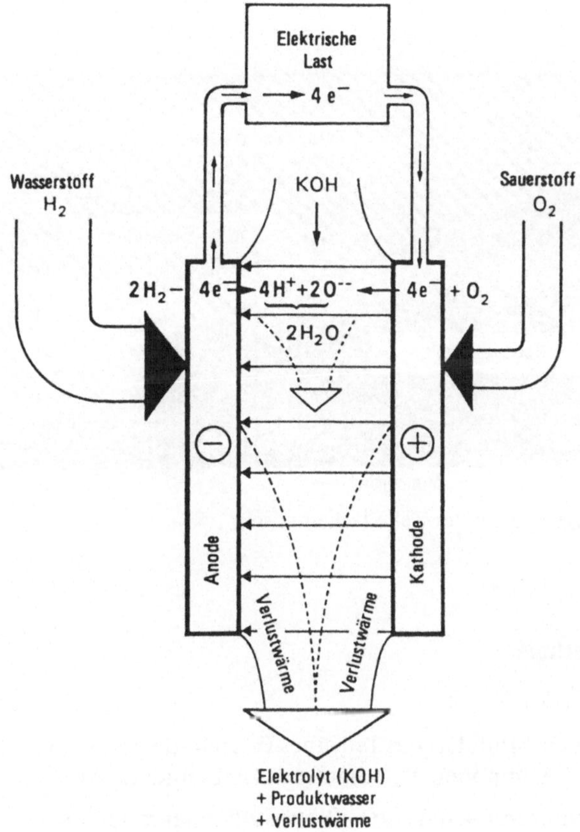

Bild 2.1-2: Prinzip der alkalischen Brennstoffzelle mit mobilem Elektrolyten

Die wichtigste Charakteristik der Brennstoffzelle ist ihre Strom-Spannungs-Kennlinie (Bild 2.1-3). Der theoretische Wert der Zellspannung – bezogen auf den oberen Heizwert des Wasserstoffs – beträgt 1,48 V. Die maximal meßbare Spannung im unbelasteten Zustand liegt geringfügig über 1 V. Die nutzbare Zellspannung fällt mit zunehmendem Strom ab, wobei die Spannungsverluste zunächst durch die Polarisation der Kathode, danach überwiegend durch die Ohmschen Verluste und schließlich bei

27

hoher Belastung durch Transportverluste gekennzeichnet sind. Die Nennlast der Zelle wird auf die Last festgelegt, bei der Transportverluste vernachlässigbar gering sind.

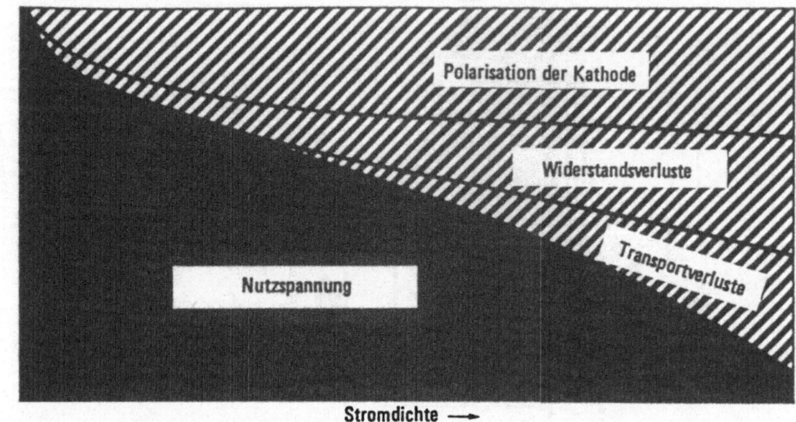

Bild 2.1-3: Spannungsverluste der Zelle (schematisch)

2.1.2 Stand der Technik

2.1.2.1 Brennstoffzellen-System:

Der Brennstoffzellen-Modul ist ein Teil eines Energiespeichersystems, das sich aus folgenden Komponenten zusammensetzt (Bild 2.1-4):

- einem oder mehreren 6-kW-H_2-/O_2-Brennstoffzellenmodulen
- H_2-Gasversorgung mit H_2-Speicher
- O_2-Gasversorgung mit O_2-Speicher
- Entsorgungseinrichtung für
  - Verlustwärme
  - Reaktionswasser
  - Restgas
- elektrische Anlage für den Betrieb der BZ-Module mit
  - Steuerung
  - Überwachung
  - Messung

28

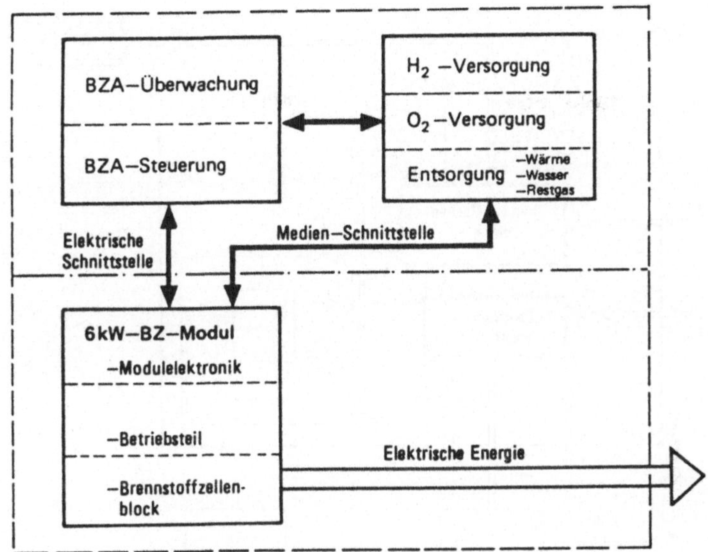

Bild 2.1-4: Brennstoffzellen-Anlage

Der BZ-Modul hat zum Energiespeichersystem eine
- elektrische Schnittstelle und eine
- Medienschnittstelle.

Im folgenden wird unter BZ-Modul immer der Teil bis zu dieser Schnittstelle verstanden. Der problemlose Betrieb des Moduls setzt die automatische Einhaltung definierter Bedingungen an dieser Schnittstelle durch das Gesamtsystem voraus.

2.1.2.2 Aufbau des BZ-Moduls

Um einen Brennstoffzellenblock – bestehend aus 60 Zellen – zu betreiben, sind Hilfsgeräte erforderlich, die jedem einzelnen Modul zugeordnet werden müssen (Bild 2.1-5). Es handelt sich dabei um Einrichtungen für
- die Versorgung mit H$_2$-, O$_2$- und N$_2$-Gas,
- die Entfernung von Verunreinigungen in den Gasen,
- die Abfuhr der Reaktionsprodukte Wärme und Wasser aus den Brennstoffzellen mittels Elektrolytkreislauf mit Pumpe und Tank,
- die gleichzeitige Abtrennung von Verlustwärme und Produktwasser aus dem Elektrolyten mittels Spaltverdampfer,
- die Abfuhr der Verlustwärme aus dem Spaltverdampfer mit Hilfe eines Kühlwasserkreislaufs.

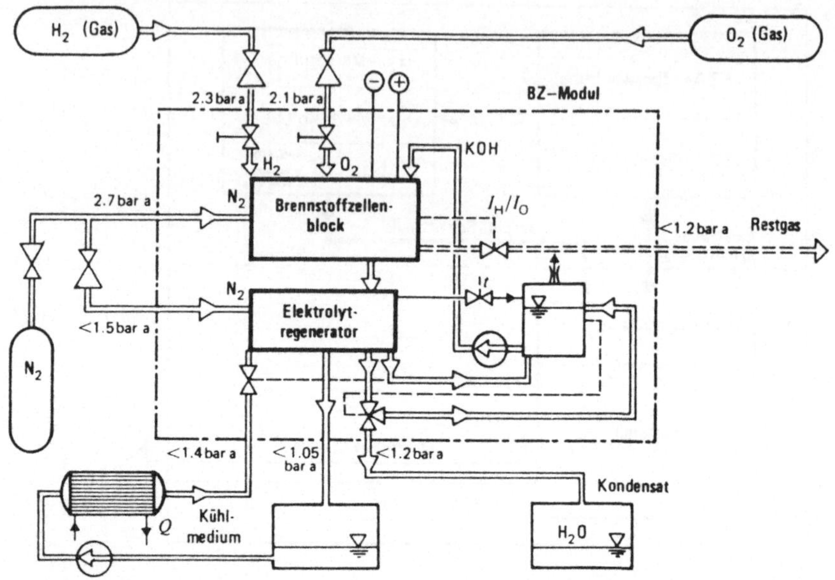

Bild 2.1-5: Brennstoffzellen-Anlage, bestehend aus BZ-Modul, Druck-Gasspeicher, Kühlkreislauf

Der BZ-Modul ist konstruktiv aufgebaut aus dem BZ-Block, dem Spaltverdampferblock, der elektromechanischen und elektronischen Steuerungsbaugruppe. Der Modulblock ist in einen Druckcontainer eingebaut. Er wird in einer 3 bar Schutzgasatmosphäre betrieben, um ein Gemisch von H_2 und O_2 in der Umgebung durch Lecks zu verhindern.

2.1.2.3 Brennstoffzelle

Die Brennstoffzellen des BZ-Moduls sind alkalische H_2-/O_2-Brennstoffzellen mit mobilem Elektrolyten und platinmetallfreien Gasdiffusionselektroden. Die Anode besteht aus Raney-Nickel, das mit Titan dotiert ist, die Kathode aus Silber mit Dotierungen von Nickel, Wismut und Titan. Anodenseitig ist die Belegung $110\ mg/cm^2$, kathodenseitig $60\ mg/cm^2$. Die aktive Fläche der Zelle beträgt $340\ cm^2$.

Zwei Diaphragmen aus ungebundenem Asbestpapier trennen die gasförmigen Reaktanden vom flüssigen Elektrolyten, der zur Abfuhr der Wärmeverluste und des Reaktionswassers umgewälzt wird. Der freie Durchtritt

des Elektrolyten zwischen den beiden Diaphragmen und der Abtransport
von Gasblasen wird durch ein Gewebe mit besonderer Struktur erleichtert
(Bild 2.1-6).

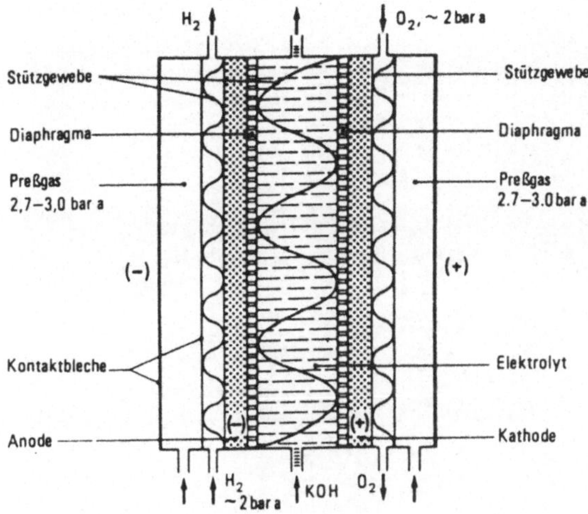

Bild 2.1-6: Brennstoffzelle mit mobilem Elektrolyten

Über dünne Metallfolien mit eingeprägten Kanälen für die Gasversorgung
werden die Elektroden isostatisch gepreßt und kontaktiert, wodurch eine
gute Reproduzierbarkeit des Zellinnenwiderstandes erreicht wird. Für die
elektrische Reihenschaltung der Zellen sind die Metallfolien außen um-
laufend verschweißt (Bild 2.1-7).

Durch entsprechend geformte Rahmen aus Elastomer und aus Polysulfon
werden die Zellen in einem Block abgedichtet, elektrisch gegeneinander
isoliert und mit einem geeigneten Ver- und Entsorgungskanalsystem ver-
sehen.

Die Zelle wird betrieben bei
- 80°C mittlerer Elektrolyttemperatur
- 2,3 bar a H_2-Druck
- 2,1 bar a O_2-Druck
- 7 M KOH
- 2,7 bis 3 bar a Kontaktierungsdruck (N_2).

Unter diesen Bedingungen wird bei einer Stromdichte von 400 mA/cm^2
eine Spannung von ca. 0,78 bis 0,8 V erreicht.

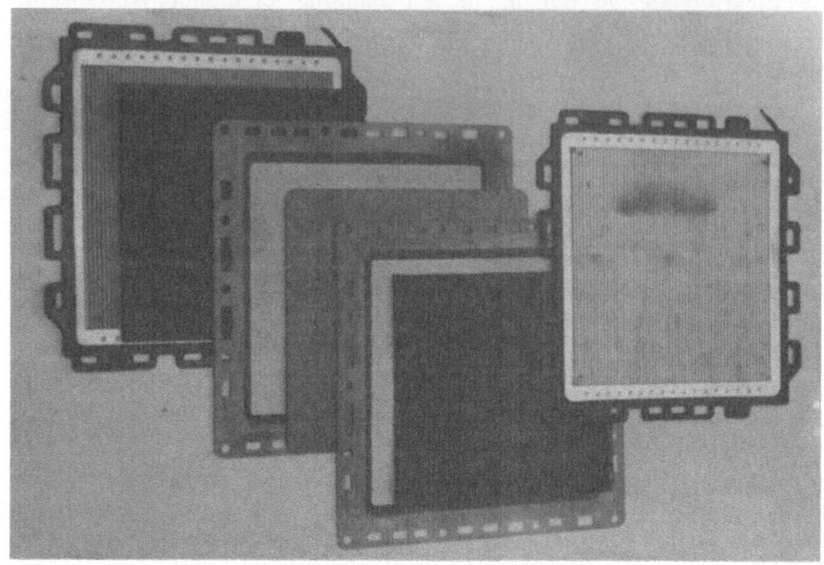

Bild 2.1-7: Durchsichtsbild einer Brennstoffzelle

2.1.2.4 Spaltverdampfer

Das im Spaltverdampfer angewandte Prinzip der Wasser- und Wärmeabfuhr zeigt Bild 2.1-8.

Von Elektrolyt und Kühlmittel durchströmte Räume wechseln sich ab, wobei sich jeweils zwischen dem Kühlwasserraum und dem Elektrolytraum ein mit Gas (N_2) gefüllter Raum befindet. Der Elektrolytraum ist durch Asbestdiaphragmen, der Kühlwasserraum durch dünne, nicht poröse Platten begrenzt. Auf Grund der Differenz der Wasserdampfpartialdrücke an der elektrolyt- und kühlwasserseitigen Oberfläche wird das Reaktionswasser durch Verdampfung und Kondensation abgeführt. Mit Hilfe des statischen Drucks im Gasspalt und einer Druckschleuse gelangt das Kondensat nach außen.

2.1.2.5 Inertgasabfuhr

Das Prinzip der Inertgasabfuhr aus den Brennstoffzellen ist in Bild 2.1-9 dargestellt.

32

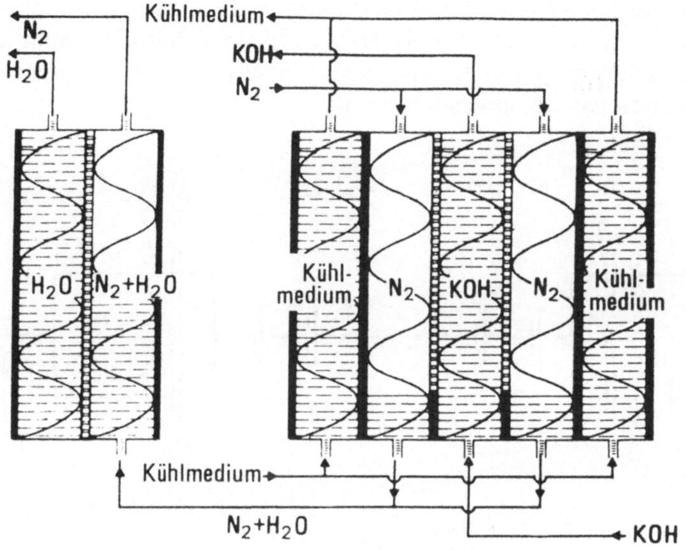

Bild 2.1-8: Prinzip der Wasser- und Wärmeabfuhr

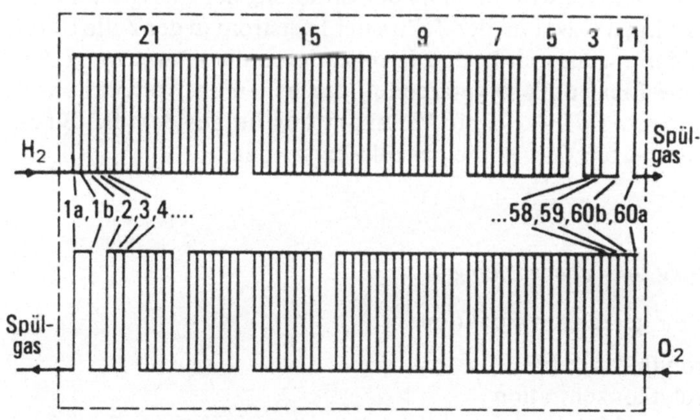

Bild 2.1-9: H$_2$- und O$_2$-Gasströmung

H_2- und O_2-Gasräume werden in entgegengesetzter Richtung kaskadenförmig durchströmt. Die inerten Gasanteile sammeln sich im Gasraum der letzten Kaskadenstufe. Dies ist der Gasraum einer Zelle, die mit einer weiteren elektrisch parallel geschaltet ist (Bild 2.1-10).

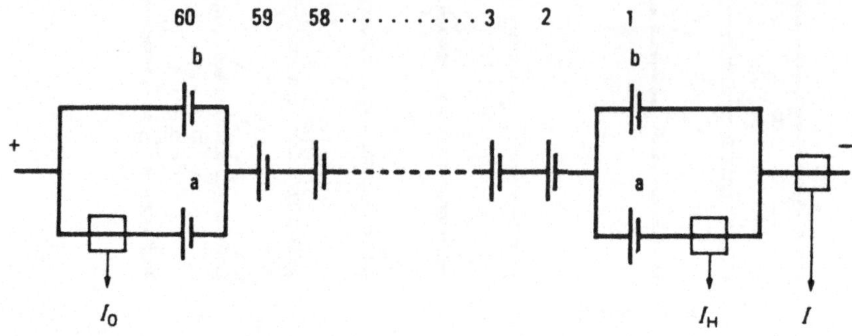

Bild 2.1-10: Elektrische Verschaltung der Zellen und Lage der Stromsensoren für die stromabhängige Regelung der Inertgasabfuhr

Durch diese Anordnung wird im Falle der Erhöhung der Inertgaskonzentration im jeweiligen Gasraum der Zelle a der Laststrom in der Zelle b verschoben. Die Stromsensoren I_O und I_H registrieren die Abweichung. Sie wird durch eine Elektronik so verarbeitet, daß bei einem Verhältnis von $2\,I_O/I = 0,80$ bzw. $2\,I_H/I = 0,95$ ein Ventil am Austritt aus dem BZ-Block öffnet und die inerten Gasanteile abgeblasen werden.

2.1.2.6 Regelung und Überwachung

Neben den vier geregelten Funktionen

- der Elektrolyttemperatur
- der Elektrolytkonzentration
- der H_2-Inertgasabfuhr
- der O_2-Inertgasabfuhr

werden im BZ-Modul die Funktionen

- Modulspannung
- H_2-Druck im BZ-Modul
- H_2-Spülzellenspannung
- O_2-Spülzellenspannung
- Elektrolyttemperatur am BZ-Block-Austritt
- Elektrolytniveau im Tank
- Drehzahl der KOH-Pumpe

überwacht. Bei Ansprechen einer Überwachung wird der Modul automatisch abgeschaltet. Bild 2.1-11 zeigt den kompletten Modul in angekuppeltem Zustand.

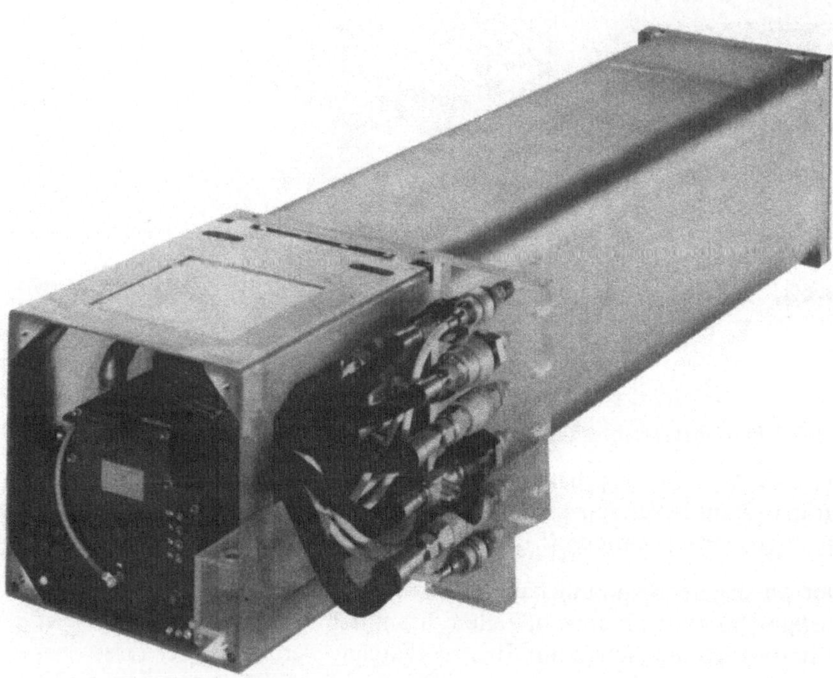

Bild 2.1-11: BZ-Modul 48 V, 125 A, 6 kW

Bild 2.1-12 zeigt den kompletten Modul mit abgenommenem Druckcontainer und an der Medienschnittstelle angekuppelten Leitungen.

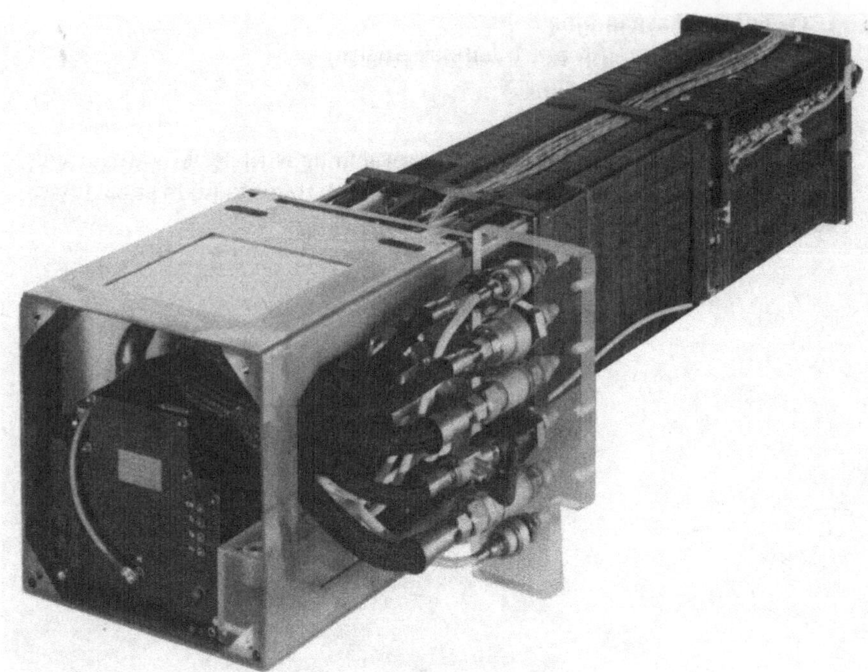

Bild 2.1-12: BZ-Modul ohne Druckcontainer

2.1.2.7 Betriebsverhalten und Leistungsdaten

Wird der Modul eingeschaltet, erreicht er unabhängig von seiner Temperatur in ca. fünf Sekunden die dem Laststrom und der Elektrolyttemperatur entsprechende Spannung (Bild 2.1-13).

Der Anstieg der Spannung hängt allein mit der Geschwindigkeit des Gasaustausches in den Brennstoffzellen zusammen. Einschalten unter Last ist grundsätzlich möglich. Beim Einschaltvorgang werden ca. vier Liter Gasgemisch (H_2/O_2) ins Restgassystem abgeblasen.

36

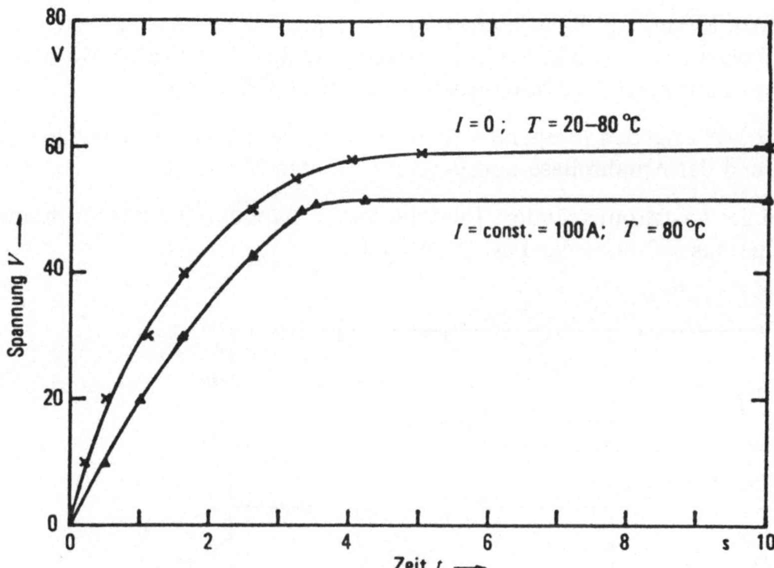

Bild 2.1-13: BZ-Modul: Einschaltverhalten

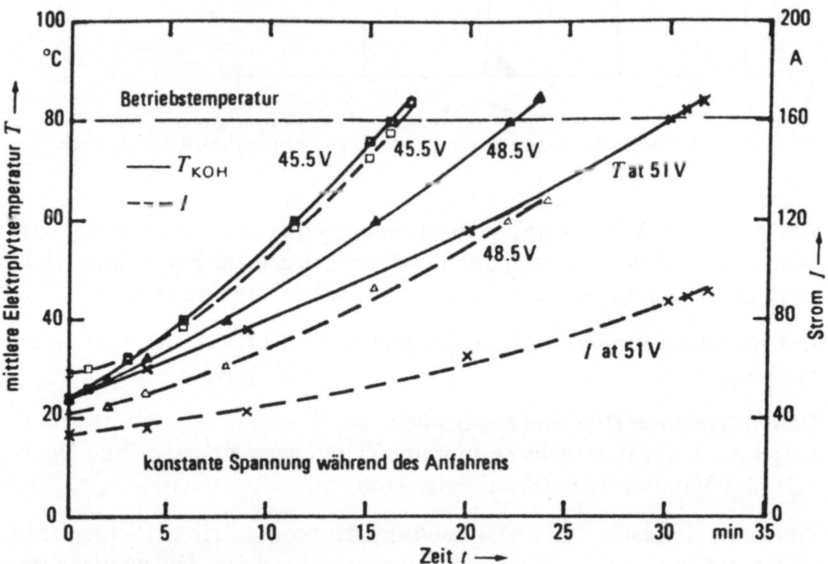

Bild 2.1-14: BZ-Modul: Anfahrverhalten

Um den Modul von Raumtemperatur mit Hilfe der eigenen Verluste auf Betriebstemperatur aufzuheizen, wird eine Anfahrzeit von ca. 15 Minuten bei konstant geregelter Modulspannung von 48 V benötigt.

Bild 2.1-14 zeigt den Temperatur- und Laststromverlauf bei verschiedenen, während der Anfahrphase konstant eingestellten Modulspannungen.

Wird der Laststrom geändert, folgt die Modulspannung spontan – d. h. in weniger als 100 ms – der Last (Bild 2.1-15).

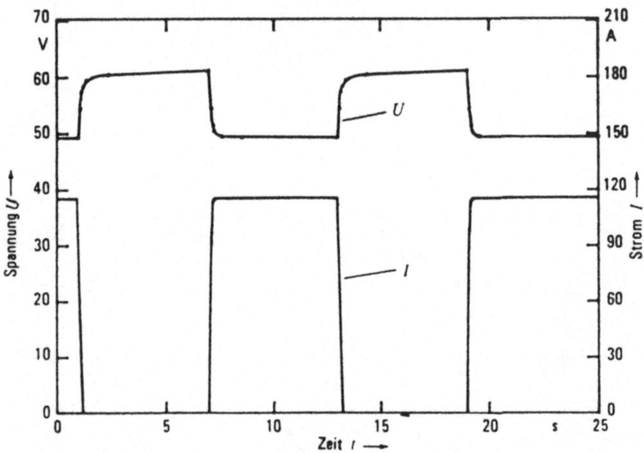

Bild 2.1-15: BZ-Modul: Lastwechselverhalten bei Nennbetriebsbedingungen

Ein Kurzschluß im Verbraucherstromkreis hat die Abschaltung des Moduls durch die interne Spannungsüberwachung zur Folge. Bild 2.1-16 zeigt den zugehörigen Verlauf von Modulstrom und -spannung.

Der maximale Kurzschlußstrom ist demnach ca. 1300 A, die Abklingzeit ca. 1 Sekunde.

Lastströme unter 20 A sind aus Gründen der Wasserabfuhr und aus Potentialgründen nur innerhalb bestimmter Zeitgrenzen zulässig. Eine Dauer von fünf Minuten bereitet keinerlei Probleme.

Über eine Zeitdauer von 5 Minuten kann der Modul auch bei Schräglagen von ± 45° in Quer- und Längsachse betrieben werden. Die zeitliche Begrenzung entfällt für Schräglagen unter ± 20°.

38

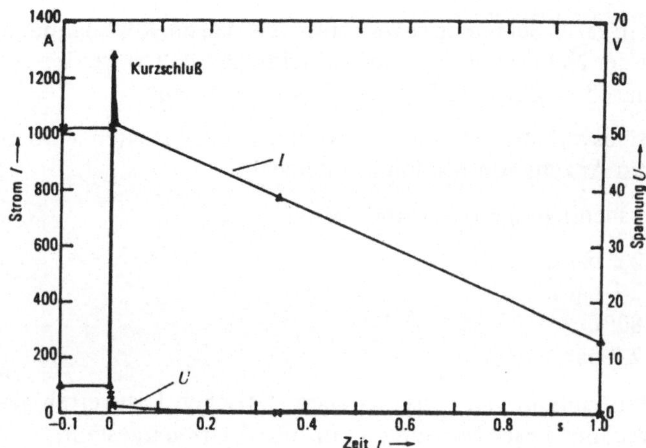

Bild 2.1-16: BZ-Modul: Kurzschlußverhalten bei Nennbetriebsbedingungen, Ausgangszustand: I = 100 A

Beim Abschalten wird der Modul vom Verbraucherstromkreis getrennt, die O_2-Gaszufuhr unterbrochen und die in den Brennstoffzellen gespeicherte Energie über einen 2 Ohm Widerstand entladen. Den Verlauf der Modulspannung beim Abschalten zeigt Bild 2.1-17.

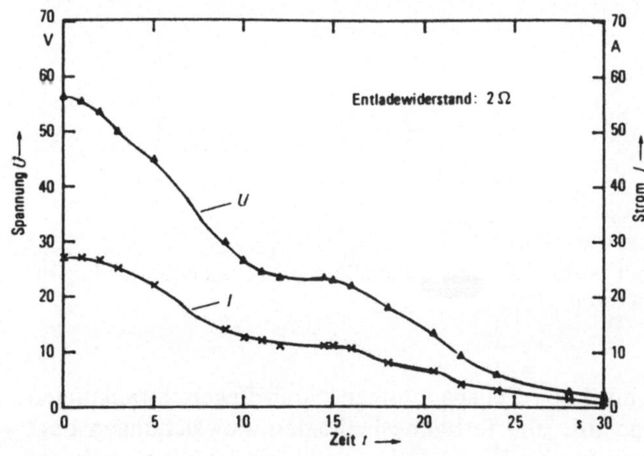

Bild 2.1-17: BZ-Modul: Abschaltverhalten bei Nennbetriebsbedingungen

Der Modul wird in ca. 25 Sekunden soweit entladen, daß die Restspannung weniger als 10% der Nennspannung beträgt. Beim Abschalten werden ca. 10 Liter Gasgemisch (H_2/O_2) ins Restgassystem abgeblasen.

Sowohl das Betriebsverhalten als auch die Modul-Leistungsdaten wurden an einer größeren Anzahl von Modulen untersucht.

Bei Nennbetriebsbedingungen, das sind

$$p_{H_2} = \quad 2,3 \text{ bar a}$$
$$p_{O_2} = \quad 2,1 \text{ bar a}$$
$$T_{KOH} = \quad 80\,^\circ C$$
$$p_P = \quad 2,7 \text{ bar}$$

wurde die Modulspannung bei verschiedenen statischen Lastwerten gemessen. Das Ergebnis dieser Messung ist in Bild 2.1-18 dargestellt.

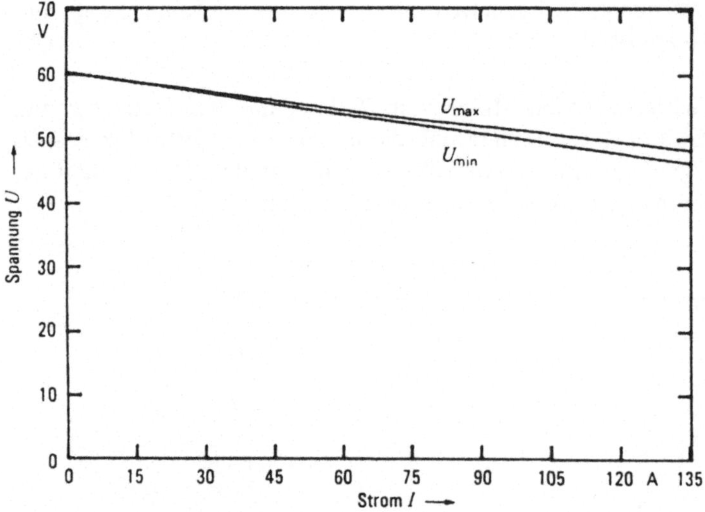

Bild 2.1-18: BZ-Modul: Strom-/Spannungskennlinie bei Nennbetriebsbedingungen nach 100 h Betriebszeit

Die Streuung der mittleren Zellspannungen durch Regelschwankungen der Elektrolyttemperatur und fertigungsbedingten Abweichungen liegt innerhalb der beiden Linien U_{max} und U_{min} und beträgt bei Nennstrom I = 135 A ca. ± 15 mV.

40

Die Spannung der einzelnen Brennstoffzellen eines Moduls bei Nennstrom zeigt Bild 2.1-19.

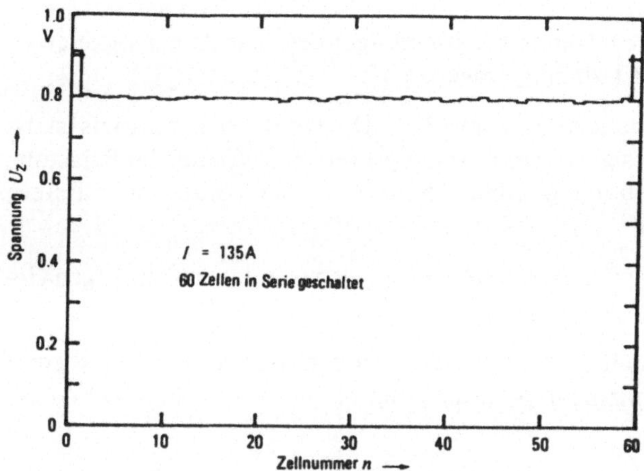

Bild 2.1-19: BZ-Modul: Zellspannungen bei Nennbetriebsbedingungen

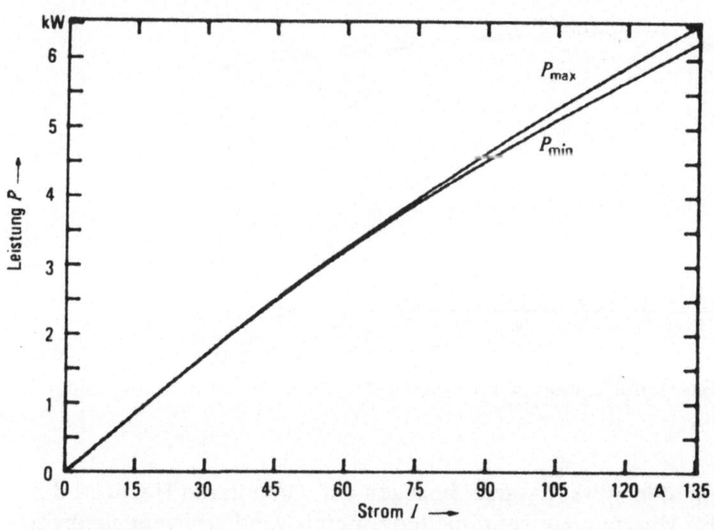

Bild 2.1-20: BZ-Modul: Strom-/Leistungskennlinie bei Nennbetriebsbedingungen
nach 100 h Betriebszeit

Die Spannung der außen liegenden Zellen ist wegen der geringeren Belastung durch die Parallelschaltung (s. Bild 2.1-10) höher als bei den übrigen Zellen.

Die Modulleistung bei Nennbetriebsbedingungen ist in Abhängigkeit vom Laststrom in Bild 2.1-20 aufgetragen.

Eine kurzzeitige Überlastung ist möglich. Die Höhe des Laststroms ist dabei durch eine zulässige untere Spannungsgrenze, die Dauer der Belastung durch die Wärmeabfuhr gegeben. Beide Grenzen werden modulintern überwacht.

Der besondere Vorteil dieses Systems liegt insbesondere im günstigen Gesamtwirkungsgrad.

Der Verlauf des Modulwirkungsgrades, bei dem nur der Leistungsbedarf des Anlagenkühlsystems unberücksichtigt bleibt, ist in Bild 2.1-21 dargestellt.

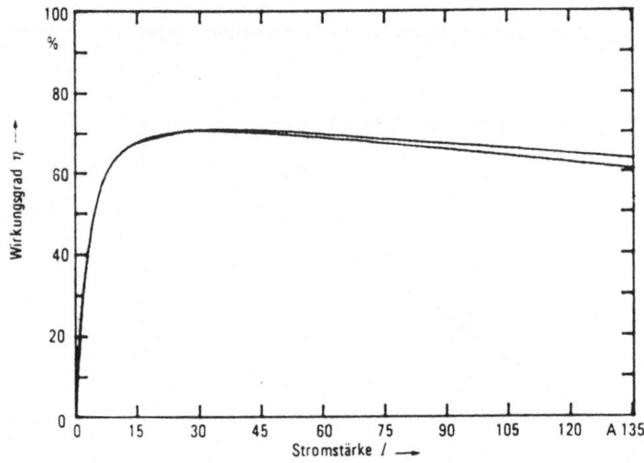

Bild 2.1-21: BZ-Modul: Gesamtwirkungsgrad (UHW) nach 100 Betriebsstunden

Das Bild zeigt den Wirkungsgrad, bezogen auf den unteren Heizwert des Wasserstoffs. Der mit konventionellen Energiewandlern vergleichbare Wert beträgt bei Nennstrom 60,5 % bis 63 %. Die Streubreite entspricht etwa der Regelabweichung der Elektrolyttemperatur. Bei Teillast steigt der

42

Wirkungsgrad an und erreicht bei einem Laststrom von 25 bis 35 A ein flaches Maximum von etwa 72%.

Die Restgasvolumina des BZ-Moduls bei Verwendung von
H_2 mit einem Reinheitsgrad mindestens 99,9%
O_2 mit einem Reinheitsgrad mindestens 99,5%
sind in Bild 2.1-22 aufgetragen.

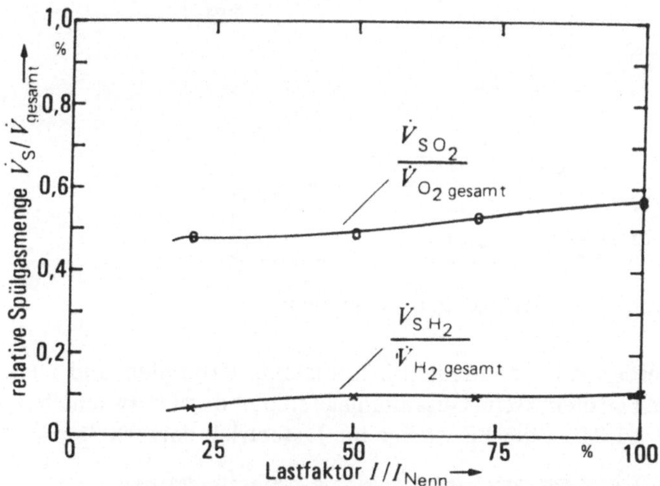

Bild 2.1-22: BZ-Modul: Relative Spülgasmenge als Funktion des Lastfaktors

Diese Abbildung zeigt, daß das angewandte Verfahren allen anderen deutlich überlegen ist, wenn eine größtmögliche Ausnutzung der Reaktanden und möglichst geringe Restgasmengen angestrebt werden.

2.1.3 50-kW-BZ-Anlage

Neben dem günstigen Wirkungsgrad und der guten Reproduzierbarkeit der Leistungsdaten ist ein weiterer Vorteil des Systems der kompakte, modulare Aufbau. Um eine Stromquelle mit einer Leistung von ca. 50 kW zu realisieren, wurden acht Module in eine Anlage eingebaut. Jeweils vier Module sind elektrisch in Reihe geschaltet, so daß die erforderliche Gesamtspannung von 192 V bei ca. 250 A erreicht wird. Bild 2.1-23 zeigt den Aufbau der BZ-Anlage.

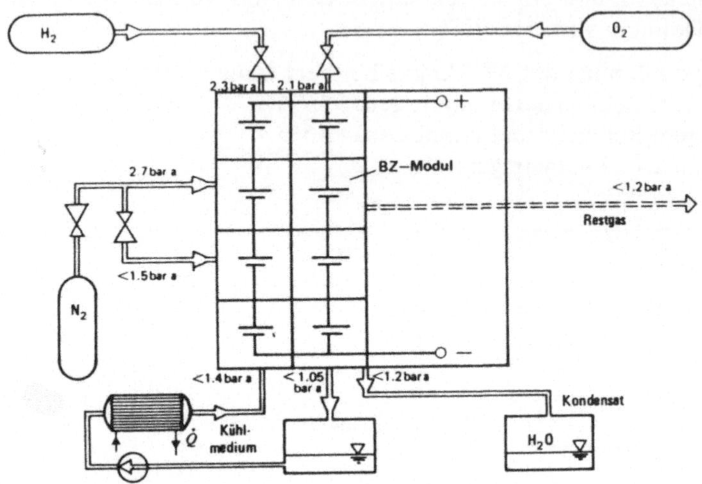

Bild 2.1-23: Brennstoffzellen-Anlage: Funktionsschema

Die Module werden mit der Medien-Schnittstelle verbunden und alle
parallel versorgt. Die elektrische Gesamtanlage steuert und überwacht den
Betrieb. In Bild 2.1-24 ist die BZ-Anlage im Testbetrieb dargestellt.

Bild 2.1-24: BZ-Anlage mit acht Modulen; 192 V, 250 A, 48 kW

In akkumulierten 20 000 h Modulbetriebsstunden wurden sowohl die Funktion als auch eine hohe Zuverlässigkeit des Systems nachgewiesen. Der Verlauf der Modulspannung (Bild 2.1-25) von vier Modulen der 50-kW-Anlage soll die geringe Alterung des Systems demonstrieren. Zelltests über mehrere 1 000 h zeigen ähnliche Werte.

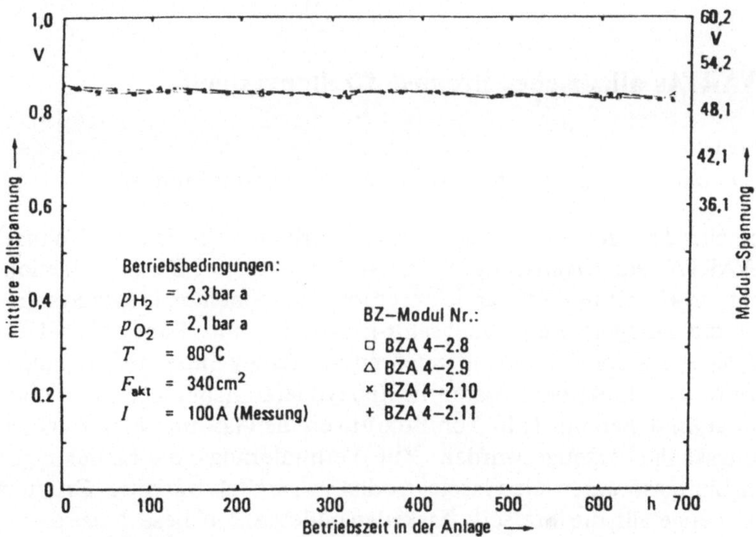

Bild 2.1-25: BZ-Modul: Dauerbetriebsverhalten

2.1.4 Zusammenfassung

Die Ergebnisse der Messungen an weiterentwickelten alkalischen H_2-/O_2-Brennstoffzellenmodulen in Kompaktbauweise haben die Steigerung der Systemzuverlässigkeit, die Verbesserung der Reproduzierbarkeit der Leistungsdaten und den hohen Systemwirkungsgrad gezeigt.

Auf Grund des technischen Reifegrades des beschriebenen Systems konnten die Vorteile im konkreten Einsatz – in einer 100-kW-Stromquelle eines außenluftunabhängigen Antriebs – nachgewiesen werden.

Der Einsatz des Systems dürfte sich jedoch zunächst – nicht zuletzt aus Kostengründen – auf Spezialanwendungen beschränken.

2.1.5 Literatur

K. Straßer, L. Blum, W. Stühler: An Advanced Alkaline H_2/O_2 Fuel Cell Assembly as a Compact Module of a 50 kW Power Source, Abstr. Fuel Cell Seminar 1988, Long Beach, S. 259

2.2 VARTAs alkalisches Brennstoffzellensystem

A. Winsel
VARTA Batterie AG Forschungszentrum, Kelkheim/Taunus

In den 60er Jahren wurde auf der Basis der Arbeiten von Justi und Winsel bei VARTA ein alkalisches Wasserstoff-/Sauerstoff-Brennstoffzellensystem entwickelt und erfolgreich erprobt. Komponenten dieses Systems waren die Doppelskelett-Katalysator-Elektroden mit Raney-Nickel als Katalysator auf der Wasserstoffseite und mit Raney-Silber auf der Sauerstoffseite. Die Elektroden waren in Epoxydharz-Gießblöcken zu Zellen vereinigt, in denen mit Hilfe von Bohrungen die Gas- und Elektrolytversorgungskanäle erzeugt wurden. Zur Verhinderung von Erstickungen durch Inertgase waren die Gaselektroden in parallelversorgten Gruppen zusammengefaßt, die ihrerseits Kaskaden bildeten. Auf diese Weise diente die eine Endzelle der Batterie zur Aufkonzentrierung und Detektierung der Verunreinigungen im Wasserstoff, während die andere Endzelle zur Aufkonzentrierung und Detektierung der Verunreinigungen im Sauerstoff diente. Reaktionswärme und Reaktionswasser wurden mit Hilfe von sogenannten Diffusionsspaltverdampfern aus dem Elektrolyten entfernt, der auf diese Weise auf konstanter Temperatur und konstanter Elektrolytkonzentration gehalten werden konnte. Die größte damals gebaute und erfolgreich erprobte Batterie bestand aus sechs autonomen Untereinheiten und leistete insgesamt 24 kW. Eines dieser Unteraggregate befindet sich noch funktionsfähig an der Universität Oldenburg im Institut von Herrn Prof. Luther.

In den Jahren ab 1973 wurden bei VARTA flexible, kunststoffgebundene Sauerstoffelektroden auf Kohle- bzw. Silberbasis entwickelt, die sich einfach herstellen ließen und die Grundlage der Zink-Luft-Hörgerätezellen bilden. Durch Übertragung des Verfahrens gelang es, dünne, hochleistungsfähige Wasserstoffelektroden herzustellen. Sie bestehen aus Raney-

46

Nickel, das durch den hydrophoben Kunststoff PTFE gebunden und in netzartige Stromableiter eingepreßt ist. Ergänzt wird die Wasserstoffelektrode durch eine Sauerstoffelektrode auf Silberbasis, die ebenfalls sehr einfach aus Silberoxid und PTFE-Pulver nach unserem Trockenwalz-Prozeß hergestellt wird. Wahlweise dazu verwenden wir jedoch auch eine hochbelastbare Sauerstoffelektrode der Hoechst AG, genannt Silflon®, die dort für die Chloralkali-Elektrolyse entwickelt wurde.

Zusammen mit Asbest oder auch anderen Separatoren werden diese Elektroden zu sogenannten Eloflux-Zellen zusammengesetzt und in Epoxydharz vergossen. So bilden z. B. vier Wasserstoffelektroden mit vier Sauerstoffelektroden und vier aktiven Separatoren das ca. 2,5 mm dicke, eigentliche Elektrodenpaket, das über interne Gaskanäle versorgt wird. Dieses Paket ist zwischen zwei Elektrolytverteilernetzen angeordnet, die vom Elektrolyten durchflossen sind und zur Wärmeentsorgung bzw. Temperierung der Zelle dienen. Zwischen den Verteilernetzen besteht ein gewisses Druckgefälle, über das die sogenannte Elofluxströmung erzeugt wird. Die einzelnen Zellen sind im Block durch sogenannte Labyrinthscheiben hochohmig verbunden, so daß Shunt-Ströme weitgehend unterbunden werden.

Die Elofluxeinheit ist Basis einer Reihe von Abwandlungen dieser Zellen, die sich durch das Wärme- und Wassermanagement unterscheiden. Dabei gibt uns die Eingießtechnik die Möglichkeit, alle Konstruktionen mit ein und derselben Technik zu realisieren. Ergänzt wird dieses System der Brennstoffzellen durch verschiedene Typen von Rekonzentratoren zur Wasser- und Wärmeausbringung wie auch durch Elektrolyse-Zellen, in denen bei Anwendung des gleichen Arbeitsprinzips durch Umkehrung des Stromes Wasserstoff und Sauerstoff getrennt und unter leichtem Überdruck zum Elektrolyten gewonnen werden können.

2.3 Theoretische und experimentelle Untersuchungen in Elektrolyse- und Brennstoffzellen

O. Führer
Gesamthochschule Kassel

Ein Verbund-System aus Elektrolyse, Wasserstoff-Speicher und Brennstoffzelle stellt eine der besten Möglichkeiten dar, elektrische Energie zu speichern. Diese schon heute in der Raumfahrt unentbehrliche Methode wird in der Zukunft auch auf der Erde eine bedeutende Rolle spielen. So sind z. B. die Speicherung und der Transport von Energie für die Nutzung der Sonnenenergie eine entscheidende Voraussetzung („Solarwasserstoff"). Weitere Entwicklungen und Verbesserungen von Elektrolyse und Brennstoffzellen sind nur mit einem vertieften Verständnis der chemischen und physikalischen Vorgänge möglich. Im Rahmen der Entwicklung des europäischen Raumgleiters HERMES wurden grundlegende Untersuchungen hierzu durchgeführt und funktionsfähige Brennstoffzellen gebaut.

2.3.1 Brennstoffzellen für HERMES

Für die Stromversorgung in der Raumfahrt werden wegen der hohen Energiedichte in der Regel alkalische H_2/O_2-Brennstoffzellen eingesetzt (Apollo, Spaceshuttle usw.). Das dabei in den Zellen entstehende Wasser wird als Trinkwasser für die Astronauten weiter verwendet. Der für die 90er Jahre geplante europäische Raumgleiter HERMES soll ebenfalls mit Brennstoffzellen ausgestattet werden. Am Vorprogramm zur Systemselektion der HERMES-Brennstoffzellen waren alle europäischen Hersteller alkalischer H_2/O_2-Brennstoffzellen beteiligt (Siemens, VARTA, Elenco). In diesem Zusammenhang wurde auch ein Teilauftrag zur Erforschung und Untersuchung von Brennstoffzellen nach Kassel vergeben.

Die Arbeitsgruppe unter der Leitung von Prof. Dr. A. Winsel beschäftigt sich seit vielen Jahren mit Energiespeichersystemen, insbesondere mit Elektrolyse und Brennstoffzellen. Weitere Forschungsschwerpunkte unserer Arbeitsgruppe sind der Nickel-Cadmium-Akkumulator, Materialforschung (Pulvertechnologie), PTFE-gebundene Spezialelektroden und katalytische Verbrennung. Besonderer Schwerpunkt der Arbeit ist dabei die Untersuchung und das Verständnis der Vorgänge aus physikalischer Sicht.

2.3.2 Die Elektroden und ihre Mikrostruktur

Die Aufgabe der Elektroden in einer Brennstoffzelle ist die Erzeugung der Kontaktfläche Gas/Elektrolyt/elektrischer Leiter, die elektronische Stromableitung, der Wasserabtransport, der Gasantransport und die elektrolytseitige Stromleitung (Ionenströme). Außerdem sollte das Elektrodenmaterial über gute katalytische Eigenschaften für die Elektroden-Reaktionen verfügen.

Dies führt zu folgenden Forderungen an die Elektroden: Guter Katalysator. Große innere Oberflächen mit vielen Drei-Phasen-Grenzen. Geringe

Widerstände für die An- und Abtransportvorgänge. Mechanische, chemische (KOH!) und thermische Stabilität. Einfache, gut reproduzierbare Herstellung. Für eine terrestrische Anwendung sind natürlich auch noch die Material- und Herstellungskosten von Bedeutung.

In den 50er Jahren entwickelten Justi und Winsel die sogenannte DSK-Elektrode, eine gesinterte Gasdiffusionselektrode aus Raney-Nickel (Raney-Nickel wird aus einer Nickel-Aluminium-Legierung hergestellt und ist nach Herauslösen des Aluminiums hochporös). Die Entwicklung der Zink-Luft-Batterie bei VARTA führte in den 80er Jahren zu einer O_2-Verzehrelektrode aus PTFE-gebundenen, in ein Metallnetz eingewalzten Kohlekörnern (Patent Sauer). Winsel übertrug das Herstellungsverfahren dann auf Raney-Nickel als Katalysator (1983). Dabei werden poröse Raney-Nickel-Körner, von Teflon®-Fäden (PTFE) umsponnen, auf ein Drahtnetz aufgewalzt (Bild 2.3-2). Die so hergestellten PTFE-gebundenen Raney-Nickel-Gasdiffusionselektroden wurden in den folgenden Jahren in Kassel, im Rahmen verschiedener Diplomarbeiten, näher untersucht und weiterentwickelt.

Das Nickel in diesen Elektroden dient als Katalysatormaterial und als Stromleiter für den elektronischen Strom vom Reaktionsort an der Drei-Phasen-Grenze zum Drahtnetz. Die feinen hydrophilen (= benetzenden) Poren in den Nickel-Körnern sorgen für die Elektrolytversorgung, den Ionenstrom und den Wasserabtransport und erzeugen eine große aktive in-

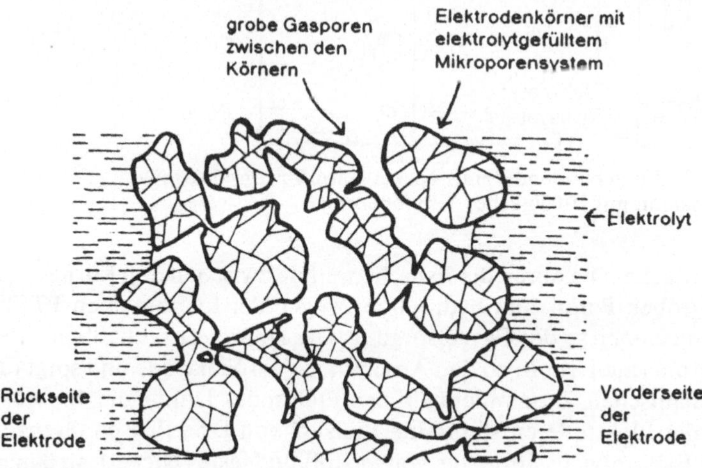

Bild 2.3-1: Schema einer biporösen Gasdiffusionselektrode im Querschnitt

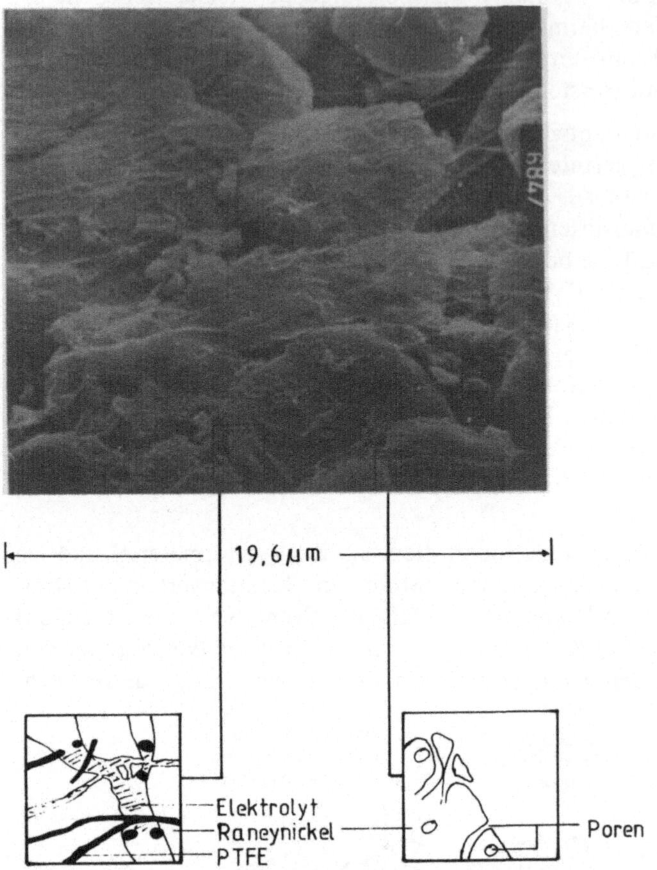

Bild 2.3-2: PTFE-gebundene Raney-Nickel-Gasdiffusionselektrode
REM-Aufnahme mit 10 000facher Vergrößerung

nere Oberfläche. Die durch die Zwischenräume zwischen den Körnern erzeugten groben Poren sind hydrophob (wegen der hydrophoben PTFE-Fäden) und dienen so der Gasversorgung. Das Drahtnetz schließlich leitet den elektronischen Strom zu den Anschlüssen der Elektrode und sorgt für den mechanischen Zusammenhalt der Elektrode. Durch die biporöse Struktur der Elektrode entsteht eine Vielzahl von Drei-Phasen-Grenzen (flüssiger Elektrolyt, gasförmiger Wasserstoff und festes Nickel), an denen die elektrochemische Reaktion ablaufen kann (Bild 2.3-1 und Bild 2.3-3).

50

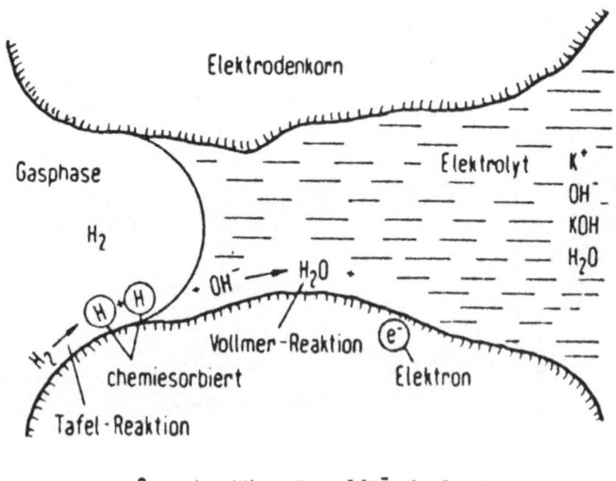

$$\text{Gesamtreaktion: } H_2 + 2\,OH^- = 2\,H_2O + 2e^-$$

Bild 2.3-3: Mikropore einer H_2-Elektrode mit Drei-Phasen-Grenze und Reaktions-ablauf

Die Sauerstoffelektrode ist ähnlich aufgebaut, besteht jedoch aus einem anderen Katalysatormaterial (in der Regel Silber oder Aktiv-Kohle).

Ziel der Elektroden-Untersuchungen in Kassel ist es, die Elektroden in Material und Struktur zu optimieren, so daß die Energieausnutzung maximal wird. Dies geschieht z. B. durch „Dotierung" des Katalysatormaterials zur Verbesserung der lokalen Stromableitung (die Dotierungsstoffe bilden elektrisch leitende Brücken zwischen den Raney-Nickel-Körnern, die Korngröße der Raney-Nickel-Körner ist 28 bis 40 µm, und die der Dotierungsstoffe ist ca. 1 µm). Andere „Dotierungen" des Katalysatormaterials können zur Verbesserung der elektrochemischen Eigenschaften führen (z. B. die Zumischung weniger Promille Platin). Weitere Untersuchungen behandeln Variationen der Porosität und Korngröße, Variationen des Netzes (Stromableitung), Variationen des PTFE-Anteils (hydrophobe Poren) und die Verwendung anderer Katalysatoren.

2.3.3 Transportprozesse bestimmen die Zelle

Die Anordnung der Elektroden und Zellkomponenten ist im wesentlichen durch die Transportprozesse, d. h. die Minimierung der Verluste bei den Transportprozessen bestimmt. Neben Brennstoffzellen mit freiem Elektrolyten gibt es mit unseren Elektroden im wesentlichen drei Grundtypen

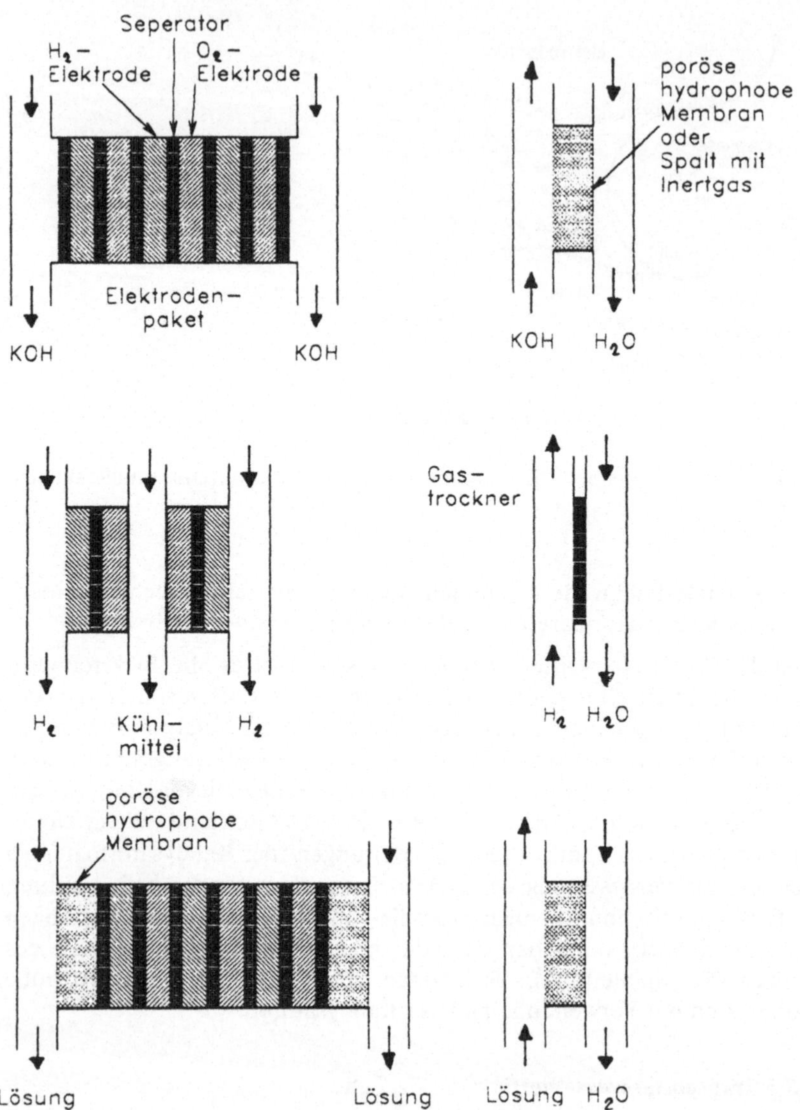

Bild 2.3-4: Grundtypen der Eloflux-Zelle mit Elektrolyt-Rekonzentrator bzw. Gastrockner

von Brennstoffzellen. „Eloflux-Zellen" mit Elektrolyt-Kreislauf, Zellen mit immobilem Elektrolyten und Gaskreislauf und „Eloflux-Zellen" mit immobilem Elektrolyten (Bild 2.3-4).

Hauptbestandteil solch einer Zelle ist das Elektrodenpaket, bestehend aus einem oder mehreren Paaren von Elektroden mit dazwischenliegenden Separatoren (Bild 2.3-4). Die Kühlung der Zelle und die Wasserausbringung erfolgen über Kühl- und Wasserkreisläufe. Bei der Standard-Eloflux-Zelle ist dies ein KOH-Kreislauf mit Zelle, Wärmetauscher und Rekonzentrator. Bei Zellen mit immobilem Elektrolyten wird das Wasser als Wasserdampf über einen H_2-Kreislauf (Gasversorgung) mit anschließendem Gastrockner ausgebracht. Für die Wärmeausbringung ist dann noch ein gesonderter Kühlkreislauf erforderlich. Bei Eloflux-Zellen mit immobilem Elektrolyten erfolgen Wärme- und Wasserausbringung über eine wäßrige Lösung, die über den Wasserdampfpartialdruck an den Elektrolyten gekoppelt ist. Konzentration und Temperatur dieser Lösung werden mittels Wärmetauscher und Rekonzentrator geregelt.

In der Elektrodenebene liegende Gaskanäle versorgen die mikroskopischen Gasporen der Elektrode mit den Reaktionsgasen. Die sogenannte Eloflux-Strömung ist eine schwache Elektrolytströmung senkrecht zur Elektrodenfläche und geht durch das ganze Elektrodenpaket. Durch diese Strömung wird zum einen das entstehende Reaktionswasser aus den Elektroden ausgebracht und zum anderen eine Reduzierung der Konzentrationspolarisation erreicht. Erzeugt wird diese Strömung durch das in den Elektroden entstehende Wasser und durch ein von außen angelegtes Druckgefälle im Elektrodenpaket. Dicke und Anzahl der Elektroden sind durch eine Optimierung zwischen einerseits Ohmschen Widerstandsverlusten bei langen Stromwegen im Elektrolyten (wenige dicke Elektroden) und andererseits zu viel „totem" Material, wie z. B. Separatoren (Vielzahl von dünnen Elektroden) bestimmt.

Als Rekonzentratoren sind Diffusionsspalt-Verdampfer optimal, da sie mit der Abwärme der Zelle betrieben werden können. Ein Diffusionsspalt-Rekonzentrator besteht aus zwei hydrophilen porösen Platten, zwischen denen sich ein mit einem Gas (H_2) gefüllter Gasraum, der sogenannte „Diffusionsspalt" befindet. Die eine Platte steht mit dem heißen Elektrolyten (80°C) und die andere mit einem Kühlwasserkreislauf in Verbindung. Der Überdruck des Inertgases und die Kapillarkräfte der Poren in den Platten verhindern, daß der Spalt geflutet wird und sich Elektrolyt und Kühlwasser vermischen. Aus dem heißen Elektrolyten verdampft nun das

Wasser, diffundiert zur gegenüberliegenden Platte und kondensiert auf dem kalten Kühlwasser.

Nach dem gleichen Prinzip funktionieren auch Rekonzentratoren mit hydrophober poröser Membran (z. B. poröse Teflon®-Membran). Die Membran verhindert die Durchmischung der Flüssigkeiten (hydrophobe Poren), läßt aber den gasförmigen Wasserdampf durch. Im Fall immobiler Eloflux-Zellen bilden solche Membranen den Abschluß eines Elektrodenpakets (Bild 2.3-4). Für die Transportvorgänge in Diffusionsspalt-Rekonzentratoren und Rekonzentratoren mit hydrophober Membran konnte eine Theorie der Transportvorgänge entwickelt und experimentell bestätigt werden (Bild 2.3-5).

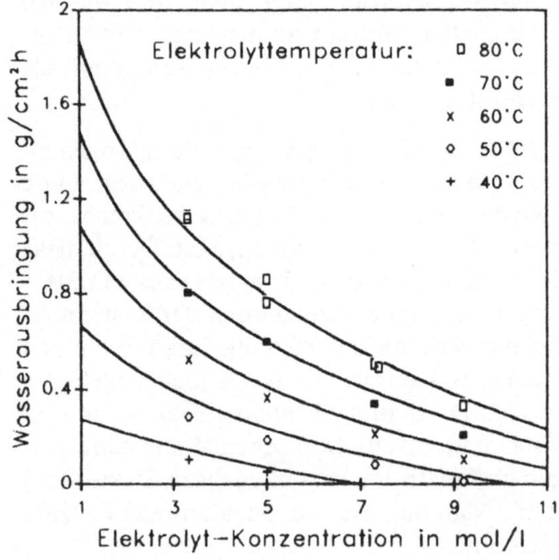

Bild 2.3-5: Wasserausbringung in einem Diffusionsspalt-Rekonzentrator Gegenüberstellung von theoretischen und experimentellen Werten (ausgezogene Kurven: berechnet)

Mit den neu entwickelten Elektroden wurden 1988 in Zusammenarbeit mit dem VARTA-Forschungszentrum erste Zellblöcke der verschiedenen Typen hergestellt (Bild 2.3-7). Hierfür werden alle Komponenten einer Zelle wie Elektroden, Separatoren, Elektrolytverteiler usw. in Epoxid-

54

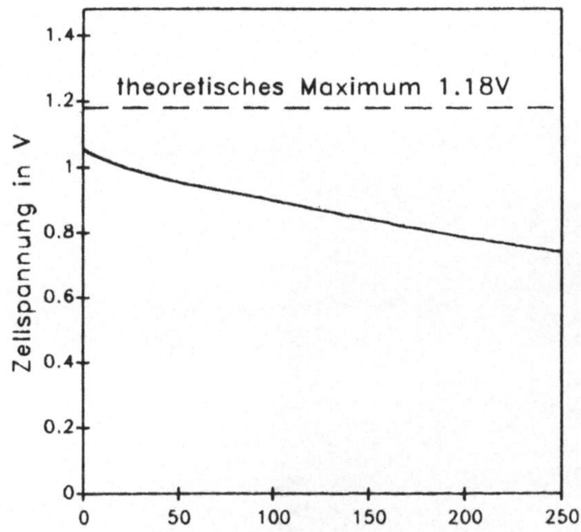

Bild 2.3-6: Kennlinie einer Brennstoffzelle – Eloflux-Block mit Elektrolyt-Kreislauf (80°C, 7 M KOH) VARTA 1988

Harz eingegossen und bilden so einen stabilen, einfach herzustellenden Zellblock. Die besten Resultate zeigte erwartungsgemäß die Eloflux-Zelle mit Elektrolyt-Kreislauf (siehe Kennlinie Bild 2.3-6).

2.3.4 Ausblick: terrestrische Anwendungen

Ein weiteres aktuelles Forschungsprojekt unserer Arbeitsgruppe ist die Entwicklung einer Elektrolyse-Zelle für Strom aus Solarzellen und Windgeneratoren. Zellen und Elektroden für solche Elektrolysesysteme sind im übrigen nahezu identisch mit den hier näher beschriebenen Brennstoffzellen, so daß die Ergebnisse unserer Untersuchungen meist für Brennstoffzellen und Elektrolyse gemeinsam gelten.

In der Großtechnik spielt die Elektrolyse schon lange eine wichtige Rolle, so daß verbesserte Zellen und Elektroden dort eine erhebliche Energieeinsparung bedeuten würden. Die Elektrolyse für kleine und kleinste Anlagen ist dagegen kaum entwickelt. Die Brennstoffzellen sind heute erst bei Spezialanwendungen, wie die Raumfahrt eine ist, wichtig. Eine weiterent-

Bild 2.3-7: Zweizelliger Eloflux-Block VARTA 1988

wickelte Technologie wird jedoch in naher Zukunft auch die terrestrische Anwendung von Brennstoffzellen interessant machen. So wird die Zukunft sehr wahrscheinlich Energiespeicherung mit Elektrolyse und Brennstoffzelle bringen und so u. a. den Energietransport über große Entfernungen und die Energiespeicherung über mittlere und große Zeiten verbessern, was nicht zuletzt für die Nutzung der Sonnenenergie eine wichtige Voraussetzung ist.

2.3.5 Literatur

K.-J. Euler: Batterien und Brennstoffzellen. Berlin, 1982

O. Führer: Energie für All und Erde. Prisma **42**, (1989) 18/22

E. Justi u. A. Winsel: Kalte Verbrennung. Wiesbaden, 1962

G. Sandstede: Elektrochemische Brennstoffzellen. Fortschr. d. chem. Forschung **8**, (1967) 171/221

W. Vielstich Brennstoffelemente. Weinheim, 1965

A. Winsel, H. Wendt, et al.: (Hrsg.: Hess. Ministerium für Wirtschaft und Technik), Technologie-Monitor Solarenergie und Wasserstofftechnik, Band I Wiesbaden, 1988 und Band II Wiesbaden, 1989

2.4 Gibt es Möglichkeiten zur Herstellung und Verwendung von „Low Cost – Low Tech" Zellen?

K. Kordesch
Technische Universität Graz

2.4.1 Überblick

In Erwartung einer zukünftigen Energiewirtschaft, die den Wasserstoff als Energieträger mit Recht sehr hoch bewertet, wird die direkte Energieumwandlung über elektrochemische Systeme, insbesondere Brennstoffbatterien als besonders entwicklungswürdig bezeichnet. Die Ökonomie der Systeme und die Möglichkeit, sie nach den Methoden der Massenproduktion herzustellen, ist eine der wichtigsten Entscheidungsfragen für die Anwendung. Die technische Entwicklung hat zu einer Aufteilung nach den Anwendungsgebieten geführt:

- Wasserstoff-Sauerstoff-Systeme für die Raumfahrt
- Brennstoff-Luft-Systeme für elektrische Fahrzeuge
- Brennstoffzellenanwendungen im Kraftwerksbetrieb
  a) als umweltfreundliche Kleinkraftanlagen
  b) als Spitzenstromreserve in Werksanlagen
  c) als reversible Energiespeicher der Elektrizitätswerke

2.4.1.1 Wasserstoff-Sauerstoff-Systeme für die Raumfahrt

Alle historischen und gegenwärtigen Wasserstoff-Sauerstoff-Systeme für die Stromversorgung von Raumfähren („Apollo-Mondfahrt" und „Orbiter" der US-NASA und für die bemannte Raumfähre „HERMES" der ESA) sind alkalische Systeme mit hoher Energie- und Leistungsdichte. Raumfahrtsysteme sind naturgemäß kompliziert und teuer.

2.4.1.2 Brennstoff-Luft-Systeme für elektrische Fahrzeuge

Für elektrische Fahrzeuge sind alkalische Systeme, die mit Luft anstelle des Sauerstoffes arbeiten, besonders geeignet. Alkalische Systeme sind bei Umgebungstemperatur betriebsbereit. Die Reaktionswärme wird über den umgepumpten Elektrolyten und das Reaktionswasser über die Überschußluft und/oder über den Wasserstoffkreislauf entfernt. Eine zumindest 50%ige Entfernung des CO_2 aus der Luft ist für den ungestörten Betrieb notwendig. Dieser Nachteil gegenüber den sauren Matrix- und Membransystemen wird durch die Einfachheit und Billigkeit der alkalischen Systeme wettgemacht.

2.4.1.3 Brennstoffzellenanwendungen im Kraftwerksbetrieb

Für den Kraftwerksbetrieb a), b), c) kommen prinzipiell alle möglichen Varianten von Brennstoffzellen in Frage. Die praktische Auswahl richtet sich jedoch nach den speziellen Anwendungen, die Kosten bewegen sich im Rahmen konventioneller Kraftwerke.

Erdgas oder flüssige Kohlenwasserstoffe können heute nur in Hochtemperaturzellen mit geschmolzenem Karbonatelektrolyt bei etwa 600 bis 660°C und in Festelektrolytzellen bei 900 bis 1 100°C direkt umgesetzt werden. Es kommen nur Großanlagen in der Klasse 10 bis 100 Megawatt, bei denen auch die Abwärme genutzt wird, in Frage. Hauptentwicklungsländer: Japan, USA. In Europa: Anfangsschritte wurden in Italien gemacht (EG).

Wasserstoff, aus den verschiedensten Energiequellen stammend, kann mit
der höchsten Energieausbeute (höchste Spannung und Stromdichte) in
alkalischen Zellen umgesetzt werden. Wirkungsgradmäßig an zweiter
Stelle folgen die phosphorsauren Systeme, die allerdings den Vorteil der
einfacheren Gasreinigung haben. Die altbekannte CO-H_2-Shiftreaktion
genügt. Eine Luft-CO_2-Reinigung ist nicht notwendig.

Alkalische Zellen haben durch die Anwendung der Pressure-Swing-
Methode und durch verbesserte Luftreinigungsanlagen (reversible CO_2-
Absorption) wieder an Boden gewonnen.

Alkalische Wasserstoff-Luft-Systeme werden in Europa von der Firma
Elektrochemische Energieconversie, n. v., (Elenco), in Mol, Belgien, entwickelt. 10-kW-Batterien werden versuchsweise gebaut, im „stand-by ser-
vice" und im elektrischen Fahrzeugbau (Hybrid-Bus) erprobt. Die Firma
Elenco stellt (in Zusammenarbeit mit DSM) Elektroden und Module
fabriksmäßig her.

Im Gegensatz dazu wurden platinmetallreiche und „hochgezüchtete"
Typen dieser Elektroden von Elenco für das „HERMES"-Raumfahrt-Pro-
jekt entwickelt. Auch Siemens hat sein ursprüngliches 7 bis 20 kW Wasser-
stoff-Sauerstoff-System (für den Unterseebootbetrieb) für „HERMES"
adaptiert. Dasselbe gilt für das Eloflux-System der VARTA Batterie AG.
Aus Gewichtsgründen haben Siemens und VARTA speziell für das „HER-
MES"-Projekt leichtere Elektroden entwickelt.

Eine Entscheidung, welches System wirklich in der Raumfähre Verwendung finden wird, steht noch aus. Die Kosten sind erwartungsgemäß hoch,
ein „spin-off" für eine „Low-cost"-Technologie ist nur bei Elenco zu erwarten.

2.4.2 Die Grundlagen für eine Selektion

2.4.2.1 Kohleelektroden mit Edelmetallkatalysatoren

Wasserstoff- und Sauerstoff(Luft)-Diffusionsgaselektroden des Typs
Kohle/PTFE/Katalysator (2 mg Pt/cm^2 für H_2-Elektroden, keine Edel-
metalle für Luftelektroden) waren die ältesten Versionen. Sie wurden von
Union Carbide Corp. in den USA entwickelt. Es wurden Batterien in der
Größe von 0,3 bis 75 kW gebaut, die einem weiten Anwendungsbereich
entsprachen.

Beispiele: US-Army (300 W), US-Navy (4 kW), US-Air Force und US-NASA (10 kW), Ford Motor Co. (50 kW), General Motors (75 kW) und schließlich das Wasserstoff-Luft-Hybrid Auto von Kordesch (7 kW plus Bleibatterie).

Die Arbeiten bei Union Carbide Corp. wurden 1976 eingestellt. Die Weiterentwicklung für Chlor-Alkali-Elektrolysezwecke wurde von Diamond-Shamrock (Painsville) übernommen. Auch dort wurden die Arbeiten einige Jahre später eingestellt. Es stellte sich heraus, daß die UCC-Elektroden mit elektrischer Randableitung nicht in techischen Größen (Quadratmeter) gebaut werden konnten und das poröse Sinternickel war ökonomisch untragbar. Die Herabsetzung der Katalysatorkosten auf 1/100 der ursprünglichen Menge änderte die Entscheidung nicht.

Elenco verwendet Nickelgitter statt des porösen Nickels und konnte dadurch die Kosten auf ein einigermaßen erträgliches Maß herabsetzen. Gitterkonstruktionen haben allerdings den Nachteil, daß thermische Dimensionsänderungen die Elektroden mechanisch beschädigen. Der Kontakt zwischen Kohlemassen und Gitter wird durch Ausdehnung und Kontraktionsbewegungen verschlechtert. Die Firma Sorapec verwendet Nickelschwammfolien, die kostengünstig hergestellt werden und in dieser Hinsicht unempfindlicher sind. Allerdings verbleibt noch immer die Randableitung des Stromes als Hindernis zur Herstellung großer Elektroden in den besprochenen alkalischen Systemen.

Die Elektroden der Firma Alsthom-Atlantique (Occidental Chemical Corp.) waren bipolar ausgelegt und verwendeten leitende plastische Folienstrukturen als Gasscheidewände (Bild 2.4-1 a). 10-kW-Systeme mit alkalischen und auch sauren (flüssigen) Elektrolyten wurden demonstriert.

Kohle/PTFE/Edelmetallkatalysatoren sind auch die wichtigen Bestandteile der Elektroden für phosphorsaure Zellen. Wegen des sauren Elektrolyten konnten grundsätzlich keine Metallgitter verwendet werden. United Technologies Corp. entwickelte deshalb Graphit-Kohleplatten als Ableitung in bipolaren Zellkonstruktionen (Bild 2.4-1 b), wodurch Elektroden großflächig gebaut werden konnten. Solche Zellen wurden in 200-kW-Einheiten zu den bisherigen Megawatt-Kraftwerken (4,8 MW in New York von UTC und in Tokyo in Lizenz) zusammengebaut. Weitere 11-MW-Werke wurden von Westinghouse in USA und in Japan geplant.

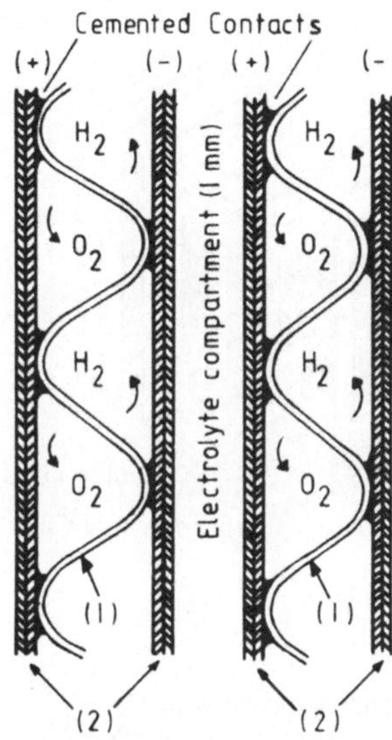

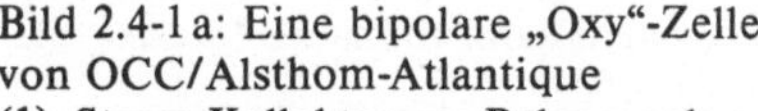

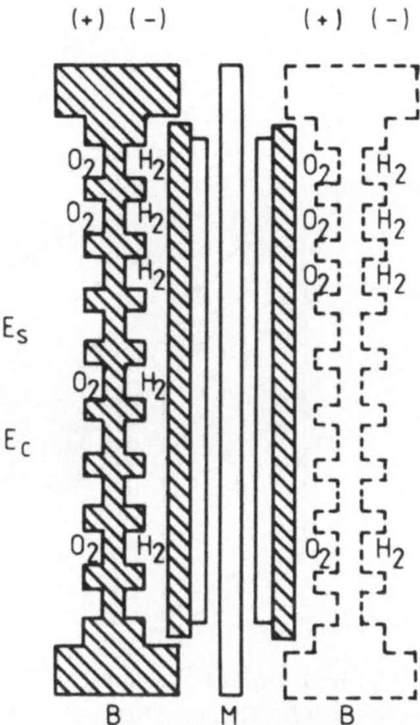

Bild 2.4-1a: Eine bipolare „Oxy"-Zelle von OCC/Alsthom-Atlantique
(1) Strom Kollektor aus Polypropylen-Kohle-Material
(2) Katalysatorschicht auf einem an den Kollektor geschweißten Träger

Bild 2.4-1b: Die bipolare Konstruktion von United Technologies Corp.
(B) Bipolare Platte, (M) Matrix, mit Elektrolyt gefüllt, (ES) die Elektrodenstruktur (Substrat) und (EC) der Elektrokatalysator

Die Schlußfolgerung aus diesen Projekten ist aber keine Befürwortung der phosphorsauren Zellen, sondern eine Empfehlung für Hochtemperaturzellen geworden. Die Gründe waren Mißerfolge beim Betrieb mit dem phosphorsauren Matrix Elektrolyt in Manhattan (Austrocknung), niedriger Wirkungsgrad und ungenügende Verwendung der Abwärme (220°C). 40-kW- und 100-kW-Anlagen fanden Anwendungen in der lokalen Stromversorgung.

2.4.2.2 Poröse Metallelektroden

Raney-Nickel-Elektroden sind die bedeutendsten davon. VARTA, Siemens und ASEA haben sie unter hohen Kosten entwickelt. Doppelporöse Elektroden wurden mit Platinmetallen katalysiert und im Apollo-System der NASA (von Pratt & Whitney) angewandt. Als Luftelektroden funktio-

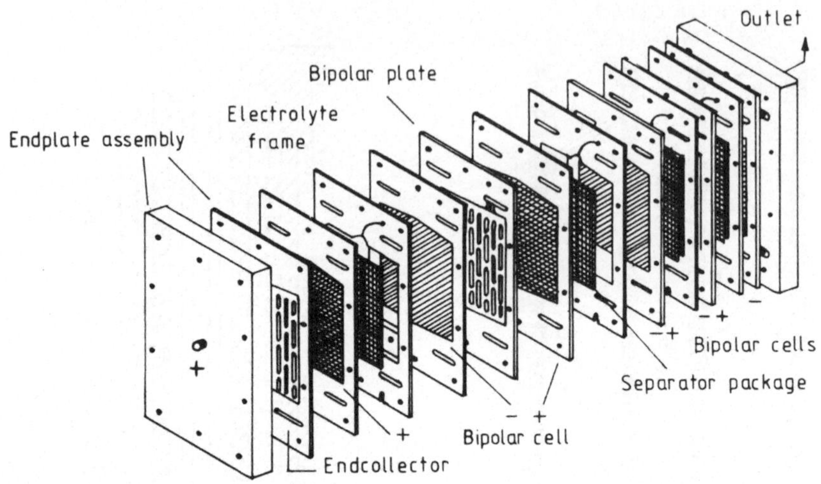

Bild 2.4-2: Die bipolare Wasserstoff-Luft-Demonstrationsbatterie des Institutes für Chemische Technologie Anorganischer Stoffe der Technischen Universität Graz. Die Wahl fiel auf ein alkalisches System mit Umlaufelektrolyt und Kohleelektroden mit minimalen Katalysatorkosten. Dasselbe System kann für saure Matrix- oder Membranelektrolyte gebaut werden.

nieren sie nur schlecht. Die Material- und Herstellungskosten schließen eine Massenproduktion und allgemeine Anwendung aus.

2.4.2.3 Die Auswahl nach der Konstruktion der Elektroden

Die Parallel/Serienschaltung von Elektroden wurde aus der Batterietechnik übernommen. Die Stromableitung erfolgt vom Rande der Elektroden („monopolar"). Der Nachteil dieser Konstruktion wurde bereits erwähnt. Die Konstruktion einer Batterie mit Elektroden ohne Randverbindungen nennt man „bipolare" Anordnung. Die Stromabnahme erfolgt über die ganze Fläche gleichmäßig und der Spannungsabfall wird klein gehalten. Wie schon erwähnt, können Graphitplatten oder leitende plastisch gebundene Folien (PP oder PE mit Rußfüllung) als bipolare Elektrodenträger verwendet werden. Letzteres setzt den Preis stark herab und macht es möglich, die Elektroden nach den bekannten Verfahren der Kalander-Walztechnik oder mit Hilfe von Aufspritzmethoden zu erzeugen.

2.4.3 Zusammenfassung, Ausblick für die Forschung

Ein Fahrzeug legt in 2000 Betriebsstunden durchschnittlich 100000 km zurück. Für ein Kraftwerk wären mindestens 40000 Betriebsstunden oder eine leichte Austauschbarkeit (nach 10000 Stunden) sehr billiger Zellenblöcke zu verlangen. Diese geforderten Eigenschaften wurden noch nicht erreicht.

Eine Schlußfolgerung aus den oben angeführten Umständen wurde bereits zu Beginn des Programms des Österreichischen Fonds zur Förderung der wissenschaftlichen Forschung in den Jahren 1984/85 gezogen, und der Forschungsschwerpunkt „Elektrochemische Energiespeicherung und Energieumwandlung" etabliert. Das Institut für die Chemische Technologie Anorganischer Stoffe der Technischen Universität Graz (Prof. Kordesch) und das Institut für Technische Elektrochemie der TU Wien (Prof. Fabjan) wurden mit den Forschungsarbeiten über Brennstoffzellensysteme betraut.

2.4.4 Literatur

„Fuel Cells". Rapport 255, Injenjörsvetenskapsakademien, Stockholm, 1983

K. Kordesch: Brennstoffbatterien. Springer Verlag, Wien, 1984

Assessment of Research Needs for Advanced Fuel Cells. (ed. *S. S. Penner*), Energy (Oxf.) **11**, (1986) 1/229

Proceedings of the CEC-Italien Fuel Cell Workshop, Taormina June 4/5 1987 (ed. *P. Zegers*). The Commission of the European Communities, Brüssel, 1987

K. Kordesch et al.: Fuel Cell Res. and Development Projects in Austria, 7th World Hydrogen Energy Conference, Moscow, September 1988.

Program and Abstracts of Natl. Fuel Cell Seminar. Long Beach Oct. 23/26 1988, (ed. *Courtesy Assoc.*), Washington DC, 1988

2.5 Charakterisierung von PTFE-gebundenen Gasdiffusions-elektroden

E. Gülzow, K. Bolwin, W. Schnurnberger
DLR Stuttgart

2.5.1 Kurzfassung

Niedertemperaturbrennstoffzellen mit alkalischem Elektrolyten sind für
die elektrochemische Umsetzung von reinem Wasserstoff mit Sauerstoff
hervorragend geeignet. Zur Erzielung hoher realer Wirkungsgrade bei
hohen Leistungsdichten sind Gasdiffusionselektroden mit großen inneren
Dreiphasengrenzflächen notwendig. Dies kann durch Kombination von
hydrophilen Katalysatoren großer innerer Oberfläche mit hydrophober
Kunststoffvernetzung erreicht werden.

Zur Herstellung von PTFE-gebundenen Gasdiffusionselektroden für hohe
Stromdichten (400 mA/cm^2) wird ein Walzverfahren nach einer Idee der
VARTA Batterie AG benutzt.

An diesen so präparierten Elektroden wird bei der DLR die Kinetik und die
Degradation systematisch untersucht. Bei XP-Spektren wurde festgestellt,
daß beim „reactive mixing"-Verfahren die Oberfläche mit PTFE bedeckt
wird. Das bedeutet, daß die katalytisch aktive Oberfläche kleiner ist als bisher angenommen.

Neben PTFE konnte der Nachweis fluorhaltiger Kohlenstoffverbindungen, die als Crack-Produkte des PTFE interpretiert werden, sowie von
Metallfluoriden auf einzelnen Elektrodenoberflächen geführt werden. Bei
Untersuchungen von Alterungsvorgängen wurden Strukturänderungen,
jedoch keine chemischen Veränderungen festgestellt.

2.5.2 PTFE-gebundene Gasdiffusionselektroden

Die elektrochemische Verstromung von Wasserstoff und Sauerstoff in
alkalischen Brennstoffzellen erfordert Gasdiffusionselektroden mit hoher
katalytischer Aktivität und definierter Porenverteilung. Hierfür ist es notwendig, Katalysatorpulver mit einem Gemisch stabiler Bindemittel zu
einer porösen Elektrode mit hoher effektiver Oberfläche zu verarbeiten. In
diesem Beitrag werden Untersuchungen an Raney-Nickel-Elektroden mit
PTFE (Polytetrafluorethylen) vorgestellt. Die Elektroden wurden nach

einem Walzverfahren der VARTA Batterie AG und der Gesamthochschule Kassel hergestellt. Das Katalysatorpulver besteht aus einem Pulver mit einer großen aktiven Oberfläche, wie z. B. Raney-Nickel, welches nach der Aktivierung konserviert [1] und getempert wird. Mit dem „reactive mixing"-Verfahren wird dieses Pulver zu einer hydrophoben Katalysatormasse verarbeitet, im Kalander zu einem Katalysatorband ausgewalzt und anschließend zur Erhöhung der mechanischen Stabilität auf ein Nickelnetz aufgewalzt. Die Elektroden werden entweder bei der VARTA Batterie AG in Kelkheim oder auf dem DLR-Kalander in Stuttgart präpariert. Bei der DLR können zusätzliche Parameter variiert werden und die mögliche Walzbreite ist doppelt so groß (200 mm) (Bild 2.5-1). Diese Technik folgt dem von H. Sauer [2] vorgeschlagenen schematischen Aufbau des Walzstuhls mit zwei Walzenpaaren. Die fertige Elektrode ist eine bis zu 0,5 mm dicke flexible Matte mit einem Metallnetz zum Ableiten der elektrischen Ströme auf der Unterseite der Katalysatorschicht.

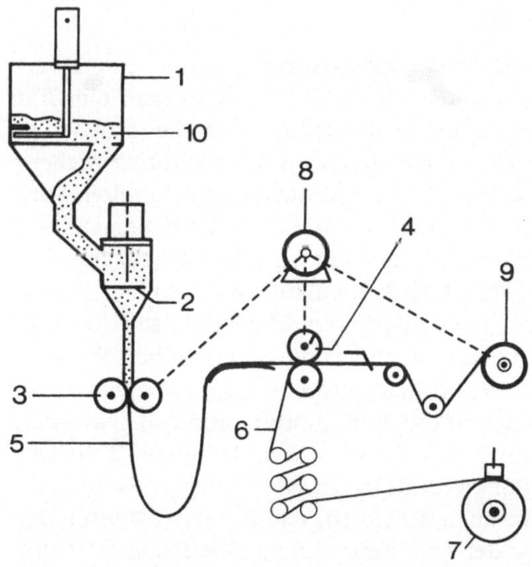

Bild 2.5-1: Walzstuhl zur Herstellung von PTFE-gebundenen Gasdiffusionselektroden. 1 großer Vorratsbehälter, 2 Zerkleinerer, 3 erstes Walzenpaar, 4 zweites Walzenpaar, 5 Katalysatorband, 6 Netz, 7 Netzrolle, 8 Motor, 9 fertige Elektrode, 10 Katalysatormasse

Um die Eigenschaften der Elektrode zu verstehen, wird mit folgenden Verfahren gearbeitet:

- Galvanostatische/potentiostatische Kennlinien
- Zyklische Voltammetrie
- Physisorptionsmessungen zur Bestimmung der Porenverteilung:
  BET-Porositätsmessung/Quecksilberpenetrationsverfahren
- Photoelektronenspektroskopie (XPS)
- Rasterelektronenmikroskopie mit energiedispersiver Elementanalyse
- Röntgenpulverdiffraktometrie

Zusätzlich zu den kinetischen Vorgängen beim Betrieb als Brennstoffzellenelektroden werden auch Alterungsprozesse untersucht. Dazu wurden Nickel-Elektroden anodisch belastet und anschließend mit den oben genannten Methoden untersucht.

Im folgenden sind beispielhaft einige Ergebnisse der Untersuchungen dargestellt.

2.5.3 Rasterelektronenmikroskopie

Auf den folgenden Rasterelektronenmikroskopaufnahmen sind Oberflächen von Ni-Elektroden dargestellt. In Bild 2.5-2 sieht man ein Bild einer neuen gewalzten Elektrode. Es wurde vermutet, daß beim „reactive mixing"-Verfahren die PTFE-Fäden sich um die einzelnen Körner wickeln und so die Partikel zu einer ganzen Elektrodenstruktur verspinnen. Dies wird auch durch die Aufnahme bestätigt. Es sind einzelne Fäden auf den Oberflächen zu erkennen. Die Fäden sollen ein Gasporensystem aufspannen, wo das Reaktionsgas zugeführt wird. Die Lauge wird von Partikel zu Partikel in den Feinporensystemen transportiert. Man erhält so eine Elektrodenstruktur, die aus zwei verschiedenen Porensystemen besteht, welche ineinander greifen und die Reaktionszone auf die gesamte Dicke ausdehnen. Die Optimierung dieser räumlichen Kombination von hydrophoben und hydrophilen Strukturelementen stellt die eigentliche Entwicklungsaufgabe bei der Herstellung von GDE dar. Mit Hilfe der Rasterelektronenmikroskopie kann man auch erkennen, daß bei der Alterung der Elektroden eine Veränderung der makroskopischen Oberflächenstruktur stattgefunden hat. Auf den Bildern 2.5-3 und 2.5-4 sind die REM-Aufnahmen einer neuen und einer gealterten Elektrode dargestellt. Der Katalysator besteht in diesem Beispiel aus PTFE-gebundener Kohle. Man kann erkennen, daß die Elektrode aufgequollen ist und ihre makroskopische

Struktur verändert hat. Andere Materialien zeigten ähnliche Veränderungen bis hin zu regelmäßigen Rissen in der gesamten Elektrode.

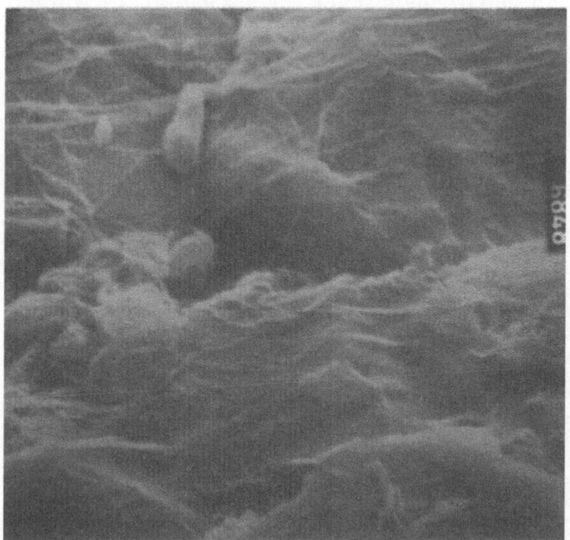

Bild 2.5-2: REM-Aufnahme einer fertig gewalzten Elektrode mit 11 000facher Vergrößerung

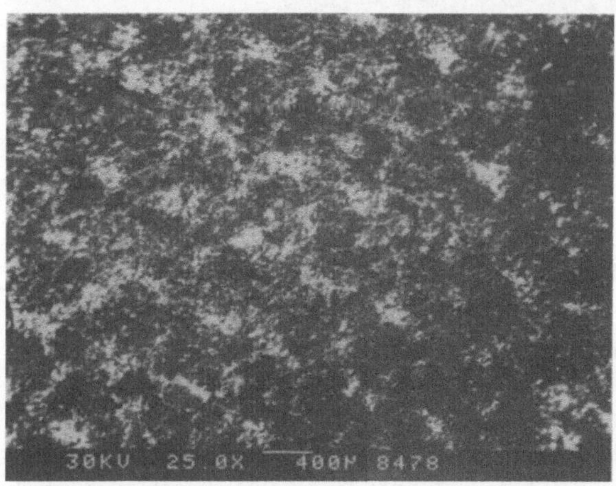

Bild 2.5-3: REM-Aufnahme einer ungebrauchten PTFE-gebundenen Kohle-Elektrode

2.5.4 BET/Quecksilberporosimetrie

Durch Variation des PTFE-Gehalts entstehen Elektroden unterschiedlicher physikalischer und elektrochemischer Eigenschaften. Es wurden Untersuchungen der Porenverteilung und effektiven Oberflächen PTFE-gebundener Elektroden mit Quecksilberpenetrationsverfahren und mit der Gasadsorptionsmethode nach BET aufgenommen. Mit steigendem PTFE-Anteil wurde einerseits die mechanische Stabilität erhöht, dadurch nimmt jedoch die effektive Oberfläche und damit die Aktivität der Elektrode ab. Der optimale Anteil des organischen Binders liegt bei unserem Ni-Katalysator im Bereich von 6 bis 12 Gewichts-Prozent PTFE.

Bild 2.5-4: REM-Aufnahme einer gealterten PTFE-gebundenen Kohle-Elektrode

2.5.5 Photoelektronenspektroskopie

Die Katalysatorkörner werden beim Herstellungsprozeß durch das eingesetzte PTFE-Pulver hydrophobisiert. Es ist daher von Interesse, die chemische Oberflächenzusammensetzung des Katalysatorpulvers zu bestimmen. Hierzu wurden photoelektronenspektroskopische Untersuchungen (XPS) durchgeführt. Da die Austrittstiefe der erzeugten Photoelektronen im interessanten Energiebereich nur wenige Atomlagen beträgt (5 bis 20 Å entsprechen 2 bis 6 Atomlagen), ist eine oberflächensensitive Charakterisierung der katalytisch aktiven Elektroden möglich.

XP-Spektren von der unbehandelten Elektrodenoberfläche zeigen eine deutliche Überhöhung der F1s Elektronen des PTFE-Anteils gegenüber dem vom Katalysatorpulver stammenden charakteristischen Elektronenniveau. Das Verhalten ist in Bild 2.5-5a am Beispiel einer nickelhaltigen Elektrode dargestellt. Die Katalysatorkörner müssen daher überwiegend

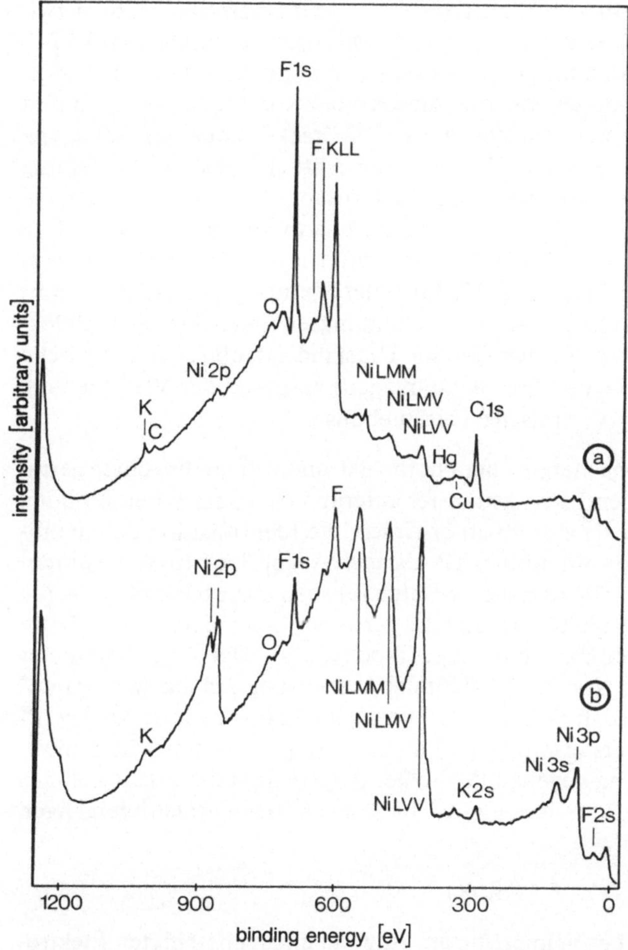

Bild 2.5-5: Photoelektronenspektren von PTFE-gebundenen Raney-Ni-Elektroden
a) unbehandelt
b) nach Ar$^+$-Ionen-Beschuß

mit einer dünnen PTFE-Schicht belegt sein. Durch Sputtern mit Ar-Ionen wird diese Oberflächenbelegung abgetragen. Bild 2.5-5b zeigt das XP-Spektrum einer Elektrodenoberfläche, deren ursprüngliche PTFE-Belegung durch erheblichen Ar^+-Ionenbeschuß (3 keV, 5 Minuten) abgetragen wurde. Die rasche Zunahme der freien Nickel-Oberfläche ist an der Intensität des Nickelspektrums bei gleichzeitiger Abnahme des F-Signals zu erkennen. Die verbleibende F1s-Intensität stammt einerseits von dem zwischen den nun freigelegten Katalysatorkörnern verbliebenen PTFE-Anteil, der auch durch fortgesetzten Ionenbeschuß nicht weiter reduziert werden konnte. Andererseits muß die Existenz von Metallfluoriden und fluorierten Kohlenwasserstoffen als PTFE-Crack-Produkt in Erwägung gezogen werden. Genauere Hinweise hinsichtlich dieser Fragestellung liefert ebenfalls die Photoelektronenspektroskopie, denn die eigentliche Stärke dieser Methode liegt nicht in einer quantitativen Elementanalyse der Probenoberfläche, vielmehr kann aufgrund der exzellenten instrumentellen Energieauflösung dieser Methode der Einfluß der chemischen Bindungen der Oberflächenatome auf die Bindungsenergien ihrer Rumpfelektronen nachgewiesen werden. Dieser Umstand erlaubt eine chemische Analyse der Oberfläche (2 bis 6 Atomlagen) aufgrund der Verschiebung des Rumpfniveaus (Chemische Verschiebung).

Da sich die Bindungsenergien der Photoelektronen oft nur um einen geringen Betrag durch den Ladungstransfer aufgrund der chemischen Bindung ändern, hat es sich als vorteilhaft erwiesen, die Identifikation des chemischen Zustandes sowohl mittels XP- als auch Auger-Spektroskopie durchzuführen. Die Kombination dieser Daten führt zu einer neuen Größe, die Augerparameter genannt wird und die genauere Ergebnisse liefert als die direkt zugänglichen Energien, siehe Tabelle 2.5-1. Der Augerparameter wurde erstmals von Wagner [3, 4] für die Auswertung des „chemical state" vorgeschlagen und definiert. In den vergangenen Jahren wurde der Begriff des Augerparameters erweitert und tiefere Interpretationen seiner physikalischen Bedeutung gegeben [5, 6]. Der Augerparameter α läßt sich aus den gemessenen Bindungsenergien und zugehörigen Augerübergängen berechnen:

$$\alpha \, (kij, X) = E_b \, (k) - E_A \, (kij, X)$$

Die Parameter kij bezeichnen die am Augerübergang beteiligten Elektronenniveaus, X bezeichnet den Term der Multipletaufspaltung des Augerendzustandes. Die auf diese Weise experimentell bestimmten Werte des Augerparameters sind in Tabelle 2.5-1 angegeben.

Sample	C1s binding energy	F1s binding energy	FKLL auger energy	Augerparameter [eV]
1 NiCu	294.3-290.8 eV 283.8 eV*	691.0/688.0 eV 687.2/684.5 eV*	650.0 eV 656.4 eV*	1341.0 1341.1 1340.2
2 MnO	293.6-283.7 eV 283.7 eV*	690.8/689.0 eV 687.1/684.1 eV*	650.8 eV 656.1 eV*	1340.9 1343.2 1340.2
3 Ni	294.9-284.6 eV 288.1/284.5 eV*	692.2 eV 688.6/684.9 eV*	649.2 eV 655.4 eV*	1341.4 1342.1 1340.3
4 Ag	293.7-283.6 eV 283.6 eV*	690.9 eV 687.0 eV*	650.2 eV 655.1 eV*	1341.1 1342.1

Tabelle 2.5-1: Bindungsenergien, Augerenergien und Augerparameter
Die mit einem Stern gekennzeichneten Werte wurden nach dem Ionenbeschuß gemessen

Der Augerparameter wird nicht durch elektrische Aufladung bei der photoelektronenspektroskopischen Untersuchung isolierender Materialien (wie z. B. PTFE) beeinflußt. Die vergleichende Interpretation der Ergebnisse wird dadurch vereinfacht.

Wie die ursprünglichen Größen, Bindungsenergie und Augerenergie, ist der Augerparameter ein eindimensionaler Parameter und ein Hinweis auf die chemische Umgebung des betrachteten Atoms. Noch informativer als der Augerparameter ist der „chemical state plot". Hierfür werden die gemessenen Energiewerte als unabhängige Parameter eines Punktes in einer zweidimensionalen Darstellung verknüpft (Bild 2.5-6). Der Augerparameter α ist in diesen Diagrammen durch diagonale Linien dargestellt: entlang dieser Diagonalen bleibt der Wert des Augerparameters unverändert. Eine Korrektur der elektrischen Aufladung auf Probe ist also gleichbedeutend mit einer parallelen Verschiebung des $(E_A[FKLL], E_b[F1s])$ Wertes entlang dieser Linien. In diesem Zusammenhang ist anzumerken, daß in Bild 2.5-6 die Aufladung der Probe korrigiert wurde, während in Tabelle 1 die gemessenen Energiewerte unkorrigiert aufgelistet wurden. Bei der Korrektur der Aufladung wurde berücksichtigt, daß sich nur die isolierenden PTFE-Cluster aufladen, nicht jedoch der Metallkatalysator selbst.

Im Bild 2.5-6 können zwei eng begrenzte Bereiche von chemischen Zuständen identifiziert werden: PTFE auf der unbehandelten Probe mit F1s-Bindungsenergien um 689 eV und Metallfluoride nach dem Ionenbeschuß bei 685-684 eV. Darüber hinaus sind Zustände im Bereich 689-687 eV beobachtbar, die wir den Crack-Produkten des PTFE zuordnen.

Um die chemische Wechselwirkung des PTFE mit dem Elektrokatalysator zu untersuchen, wurde die kinetische Energie der FKLL-Elektronen gegen die Bindungsenergie der F1s-Photoelektronen aufgetragen. Hierdurch wurde die Existenz von PTFE auf allen unbehandelten Gasdiffusionselektroden nachgewiesen. Nach Beschuß der Oberflächen mit Ar^+-Ionen konnten auf einigen Gasdiffusionselektroden Metallfluoride nachgewiesen werden. Jedoch deutet kein Hinweis auf die Existenz von AgF in silberhaltigen Elektroden hin. Zusätzlich konnten einige Zustände gefunden werden, die auf fluorierte Graphite hinweisen. Diese interpretieren wir als Crack-Produkte des PTFE, entstanden entweder durch thermischen Streß während des Produktionsprozesses oder durch den Ionenbeschuß.

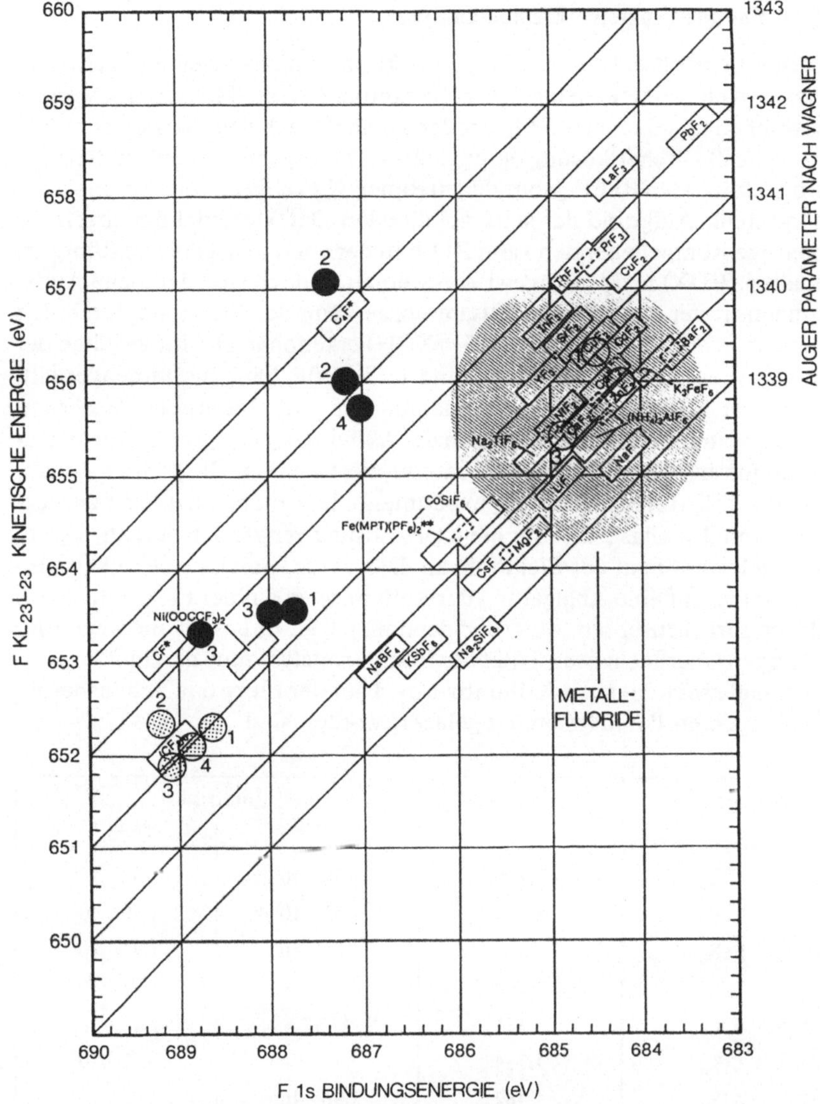

Bild 2.5-6: Chemical State Plot: Auger Parameter und chemische Verschiebung der F1s Bindungsenergie verschiedener Fluorverbindungen. Die Beziehung der einzelnen Meßwerte entspricht den Symbolen in Tabelle 2.5-1.

2.5.6 Energiedispersive Elementanalyse

Elektronenstoß-induzierte Röntgenspektren werden mittels eines energie-dispersiven Röntgendetektors aufgenommen. Die Messungen werden sowohl an ungebrauchten Elektroden als auch nach dem Betrieb der Elektrode in alkalischer Lösung durchgeführt. Die Ergebnisse sind am Beispiel einer aktivierten PTFE-gebundenen Raney-Nickel-Elektrode im Bild 2.5-7 dargestellt. Aufgrund der stark abfallenden Detektorempfindlichkeit für niedrige Röntgenenergien kann PTFE in der energiedispersiven Röntgen-analyse (EDX) nicht nachgewiesen werden. Jedoch sind deutliche Änderungen in der elementaren Zusammensetzung der Elektrode durch den Betrieb in alkalischer Lösung (25 % KOH) erkennbar. Die Intensitäten der nachgewiesenen Röntgenlinien sind in Tabelle 2.5-2 zusammengestellt. Zunächst erkennt man eine Abnahme der AlK_α-Intensität. Dies kann durch weiteres Auslaugen des nach der Aktivierung übriggebliebenen Aluminiums aus dem Raney-Nickel interpretiert werden. Die geringe Zunahme der SiK_α-Intensität ist auf experimentelle Randbedingungen zurück-zuführen. Da Glasgefäße für die KOH-Lösung verwendet wurden, lagerte sich gelöstes Si auf der Elektrode ab. Die starke Zunahme der $KK_\alpha K_\beta$-In-tensität ist auf eine Ablagerung der Kaliumionen auf der Elektrodenober-fläche zurückzuführen. Aufgrund der hohen KK_α-Intensität und wegen der geringen Oberflächensensivität der Röntgenanalyse muß geschlossen wer-den, daß große Mengen Kaliumhydroxid auf der Elektrode und insbeson-dere in deren Porensystem eingelagert worden sind.

Röntgenlinie	Energie [keV]	Intensität	
		neu	gealtert
NiK_α	7.458	$1.36 \cdot 10^5$	$1.32 \cdot 10^5$
NiK_β	8.246	$1.82 \cdot 10^4$	$1.70 \cdot 10^4$
FeK_α	6.393	$1.01 \cdot 10^3$	$1.41 \cdot 10^3$
KK_α	3.309	–	$1.13 \cdot 10^4$
KK_β	3.651	–	$2.18 \cdot 10^3$
SiK_α	1.754	–	$5.72 \cdot 10^2$
AlK_α	1.482	$2.96 \cdot 10^3$	$1.24 \cdot 10^3$
NiL_α	0.835	$2.84 \cdot 10^2$	$2.05 \cdot 10^2$

Tabelle 2.5-2: Röntgenspektroskopie an der PTFE-gebundenen Raney-Ni-Elektrode

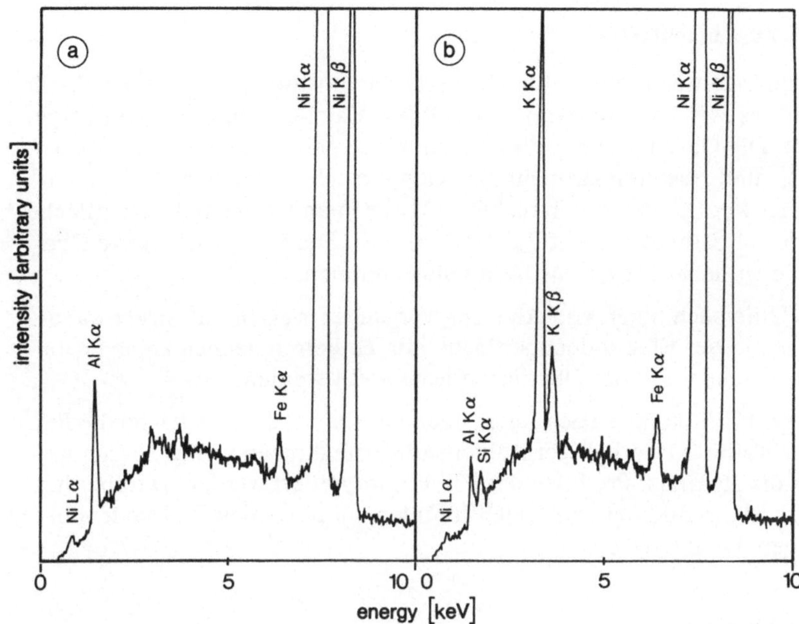

Bild 2.5-7: EDX-Analyse einer Nickel-Elektrode
a) ungebraucht
b) gealtert

2.5.7 Zusammenfassung

Gasdiffusionselektroden für alkalische Brennstoffzellen wurden durch reaktives Mischen und Walzen von PTFE-Katalysatormischungen hergestellt. Die Oberfläche der Elektroden wurde photoelektronenspektroskopisch und rasterelektronenmikroskopisch charakterisiert. Es konnte gezeigt werden, daß durch reaktives Mischen und Walzen die Oberfläche der Katalysatorkörner mit PTFE bedeckt ist. Die katalytisch aktive Oberfläche ist daher kleiner als bisher angenommen.

Die Untersuchungen von Alterungsvorgängen weisen auf Strukturänderungen in der Elektrodenoberfläche hin. Es konnte jedoch keine chemische Veränderung der Oberfläche festgestellt werden.

Neben PTFE konnte nach Ionenätzen der Elektrodenoberfläche die Existenz weiterer fluorhaltiger Kohlenstoffverbindungen nachgewiesen werden, die als Crack-Produkte des PTFE interpretiert werden. Darüber hinaus wird die Bildung von Metallfluoriden auf einzelnen Elektrodenoberflächen nachgewiesen.

2.5.8 Literatur

[1] *M. Jung, Kröger:* DBP 1 156 769

[2] *H. Sauer:* DBP 2 941 774 C2

[3] *C. D. Wagner:* Faraday Discuss. Chem. Soc. **60**, (1975) 291

[4] *C. D. Wagner:* J. Elec. Spect. and Related Phenomena **10**, (1977) 305

[5] *G. Hohlneicher, H. Pulm, H. J. Freund:* J. Elec. Spect. and Related Phenom. **37**, (1985) 209

[6] *N. D. Lang, A. R. Williams:* Phys. Rev. **20**, (1979) 1369

2.6 Herstellung und Charakterisierung von Raney-Nickel-Anoden für die alkalische Brennstoffzelle

W. Jenseit, A. Khalil, H. Wendt
Technische Hochschule Darmstadt

Die Herstelltechnik von PTFE-gebundenen Elektroden wurde mit Raney-Nickel als Katalysator untersucht. Durch Zusatz von Kupfer(I)oxid und kathodischer Kupferimprägnierung ließ sich die Leitfähigkeit der Elektrode und damit die Polarisation stark verbessern. Im Langzeittest konnte die Elektrode bei 50°C und unter einer Belastung von 100 mA/cm^2 1500 h lang betrieben werden.

2.6.1 Herstellung des Katalysators

Als Vorlegierung für das Raney-Nickel dient eine Nickel-Aluminium-Legierung mit 50 Gewichts-Prozent Nickel. Sie wird 24 Stunden in 30 Gewichts-Prozent Kalilauge gelaugt und dabei bis 100°C erwärmt. Das entstandene Raney-Nickel enthält sehr viel adsorbierten Wasserstoff und ist stark pyrophor und muß daher vor der Weiterverarbeitung stabilisiert werden. Dazu wird der Katalysator gewaschen und im Vakuum getrocknet. Unter Temperaturkontrolle (T < 80°C) läßt man den Katalysator durch dosierte Zugabe von Luft oxidieren. Der Katalysator kann jetzt weiterverarbeitet werden, es hat sich jedoch gezeigt, daß aufgrund der hohen Oberfläche eine weitergehende Stabilisierung durch Tempern [1] unter Stickstoff bei 350 bis 400°C die Leistungsfähigkeit und Langzeitstabilität positiv beeinflussen.

Die Röntgenbeugungsaufnahme in Bild 2.6-1 zeigt den hohen Anteil an Nickeloxid im Raney-Nickel. Das Tempern führt zur Ordnung und Vergröberung der Nickelkristallite. Dies wird durch die Verringerung der Halbwertsbreite der Beugungslinien angezeigt.

Die Chemische Analyse des Katalysators ergibt 79,5 Gewichts-Prozent Nickel und 4,5 Gewichts-Prozent Aluminium. Der Rest (16 Gewichts-Prozent) ist Sauerstoff. Fast die Hälfte des Nickels ist also oxidiert.

Die Bestimmung der BET-Oberfläche von frisch gelaugtem, nicht oxidiertem Raney-Nickel ergibt eine innere Oberfläche von 54 m^2/g mit einer Mikroporosität von 12%. Während der Laugung ist die Kristallstruktur der Vorlegierung also deutlich geschrumpft [2, 3].

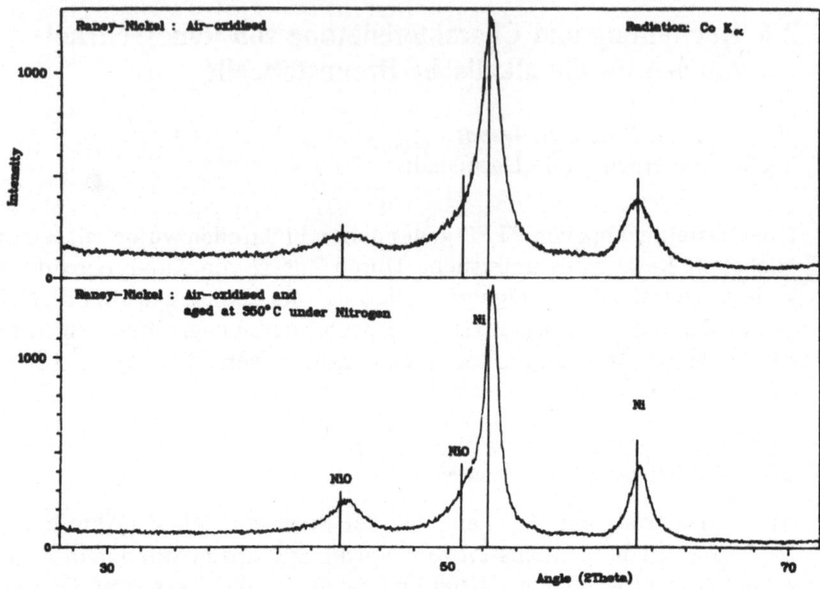

Bild 2.6-1: Röntgenbeugungsdiagramm des oxidierten und des getemperten Katalysators

Mund [4] zeigte, daß die effektive Katalysatornutzung nur bis in eine Porentiefe von 20 µm reicht. Um einen hohen Katalysatornutzungsgrad zu erreichen, wird die Vorlegierung gesiebt, und nur die Feinfraktion mit einer Partikelgröße kleiner 20 µm (nach dem Laugen nur noch kleiner 10 µm) eingesetzt.

2.6.2 Elektrodenherstellung

Zu einer Suspension von wäßrigem PTFE (®Hostaflon TF 5032) wird Isopropanol in einer Reibschale zugegeben und leicht verrieben. Dadurch entsteht eine gallertartige Masse. Durch Zugabe von Raney-Nickel und Cu_2O entsteht nach intensivem Kneten eine teigähnliche, plastische Mischung, die sich zu einem Fell ausrollen läßt. In einem zweiten Schritt wird dieses Fell in ein Netz eingerollt. Isopropanol füllt wegen seiner guten Benetzung die Poren und sorgt dafür, daß diese beim Walzen nicht zugedrückt werden.

Der oberflächenaktive Stabilisator aus der PTFE-Emulsion muß durch Auskochen der Elektrode in Aceton aus der Matrix entfernt werden.

Elektroden mit 8 Gewichts-Prozent PTFE und 15 Gewichts-Prozent Cu_2O ergaben in empirischen Tests die hier präsentierten besten Ergebnisse.

Diese Vorgehensweise, insbesondere die intensive scherende Beanspruchung der Raney-Nickel/PTFE-Mischung beim Rollen und Kneten, sorgt dafür, daß in der Matrix ein verwobenes Geflecht aus hydrophoben Gasporen durch das PTFE gebildet wird und gleichzeitig ein hydrophiler Verbund der feinen, mit Elektrolyt gefüllten Poren in den Raney-Nickelkörnern aufgebaut wird. Das Kupferoxid, das beim kathodischen Formierungsprozeß zu metallischem Kupfer reduziert wird und damit einen guten elektronischen Kontakt zwischen den Elektrodenkörnern gewährleistet, verbessert die Stromverteilung in der Elektrode erheblich [5].

2.6.3 Formierung der Elektrode

Die Elektrode wird bei 50°C in 30 Gewichts-Prozent KOH mit 5 mA/cm^2 kathodisch belastet und damit aktiviert. Dabei wird das Kupferoxid reduziert und anschließend ein Teil des Nickeloxids. Aufgrund der Cuprat-Löslichkeit schlägt sich das Kupfer dabei überall in der porösen Elektrode auf den Raney-Nickelkörnern nieder und sorgt so für guten elektronischen Kontakt zwischen den Nickeloxidpartikeln, so daß die Reduktion des Nickeloxids in der ganzen Elektrode stattfinden kann. Die Reduktion des Nickeloxids vergrößert dabei die Oberfläche von 54 auf 81 m^2/g Raney-Nickel.

2.6.4 Elektrochemische Charakterisierung

In Bild 2.6-2 wird die Leistungsfähigkeit der Elektrode mittels der anodischen Strom-Spannungskurve charakterisiert. Die Verbesserung der Polarisationseigenschaften der Elektrode mit der Temperatur wird auf die starke thermische Aktivierung der Elektrodenprozesse zurückgeführt. Sowohl die reine Elektrodenkinetik als auch die Diffusion des Wasserstoffs in die Poren verbessern sich mit der Temperatur stark. Die Anode darf dabei nicht über + 100 mV geg. RHE polarisiert werden, da sonst das Nickel zu $Ni(OH)_2$ oxidiert wird.

Dadurch verliert das Nickel nicht nur seine elektrokatalytischen Eigenschaften, auch die Benetzbarkeit des Nickels, und damit die Versorgung der Poren mit Wasserstoff, verändern sich.

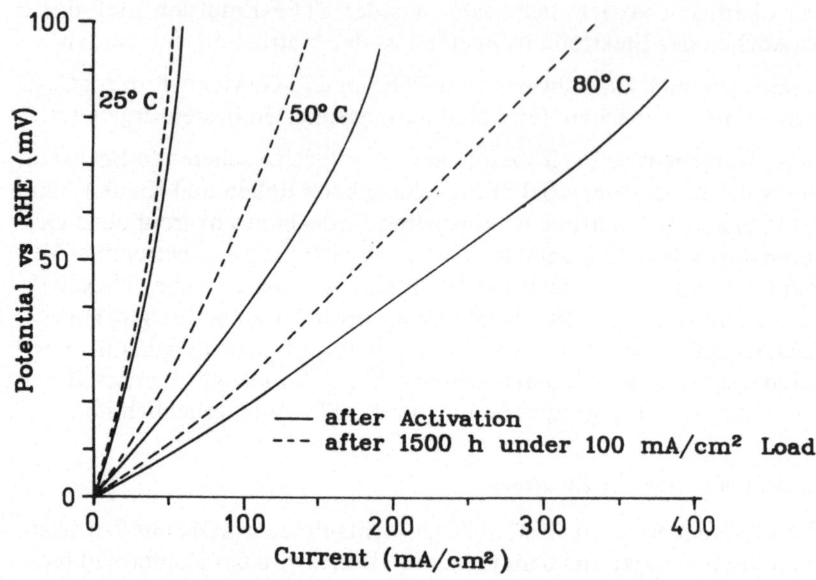

Bild 2.6-2: Potential geg. Stromdichte der Wasserstoffanode direkt nach der Aktivierung und nach 1500 Stunden Betrieb. $P\,(H_2) = 0{,}102$ MPa, 30% KOH

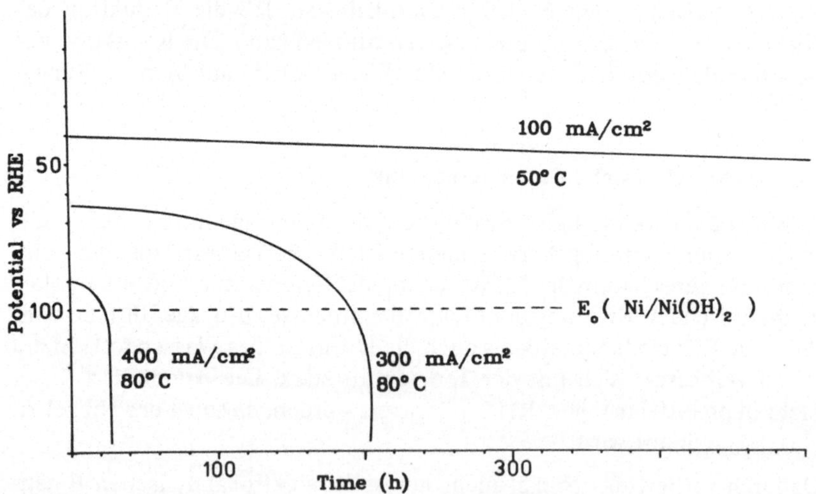

Bild 2.6-3: Zeitverlauf des Potentials bei unterschiedlichen aufgeprägten Stromdichten und Temperaturen. $P\,(H_2) = 0{,}102$ MPa, 30% KOH

Bild 2.6-3 zeigt das Langzeitverhalten der Elektrode aus Bild 2.6-2. Bei 80°C und einer Belastung von 400 oder 300 mA/cm^2 ist die Elektrode überlastet, wird langsam oxidiert und verliert dabei ihre elektrokatalytische Aktivität. Bei 50°C und 100 mA/cm^2 Belastung konnte die Elektrode 1500 Stunden betrieben werden, ohne daß die kritische Polarisation von +60 bis +70 mV geg. RHE überschritten wurde.

Eine Verbesserung der Elektrode läßt sich noch erreichen, indem der Vordruck des Wasserstoffs erhöht wird, d. h. mit einer Druckdifferenz von bis zu 0,1 MPa gegen den Elektrolyten beaufschlagt wird. Dadurch werden die Porendiffusion und die Kinetik verbessert und gleichzeitig die Dreiphasengrenze zwischen Gas, Elektrolyt und Katalysator stabilisiert.

2.6.5 Literatur

[1] *A. Winsel:* DECHEMA-Monographien **98**, (1984) 181

[2] *J. Freel, W.J.M. Pieters, R.B. Anderson:* J. Catal. **14**, (1969) 247

[3] *J. Freel, W.J.M. Pieters, R.B. Anderson:* J. Catal. **16**, (1970) 281

[4] *H. Mund:* Siemens Forsch.- u. Entwickl.-Ber. **4**, (1975) 1

[5] *M. Jung, H. Dören:* DBP 1 258 398 (1968)

3 Phosphorsaure Zellen und Membranzellen

3.1 Phosphorsaure und schwefelsaure Brennstoffzellen

H. Böhm, R. Fleischmann
Daimler Benz AG, Forschungsinstitut Werkstofftechnik, Frankfurt/M.

3.1.1 Einleitung

Energiedirektumwandlung in Brennstoffzellen – chemische Energie wird direkt in elektrische Energie überführt – muß immer dann in die Diskussion gebracht werden, wenn es darum geht, umweltfreundlich elektrische Energie mit einem hohen Wirkungsgrad zu erzeugen. Mit Brennstoffzellen können auch verhältnismäßig kleine Energiekonverter ohne Verminderung des Wirkungsgrades betrieben werden [1, 2].

Die Vision der dezentralen Bereitstellung elektrischer und thermischer Energie direkt beim Verbraucher erscheint mit Brennstoffzellen prinzipiell machbar. Als Primärbrennstoffe werden dabei die heute üblichen fossilen Brennstoffe eingesetzt [12]. Unter diesen Bedingungen ist die phosphorsaure Zelle, die am weitesten entwickelt und in MW-Anlagen demonstriert wird, als Energietransformer besonders geeignet [9, 11].

3.1.2 Überblick

3.1.2.1 Prinzip der phosphorsauren Brennstoffzelle

In Bild 3.1-1 ist das Prinzip dieser Brennstoffzelle dargestellt. Die Zelle besteht aus zwei Elektroden, Anode und Kathode, und der Phosphorsäure als Elektrolyten, der sich – fixiert in einem porösen Träger – zwischen den beiden Gasräumen befindet. Jeder Elektrode ist ein Gasraum zugeordnet, über den der Anode der Brennstoff und der Kathode das Oxidans zugeführt wird.

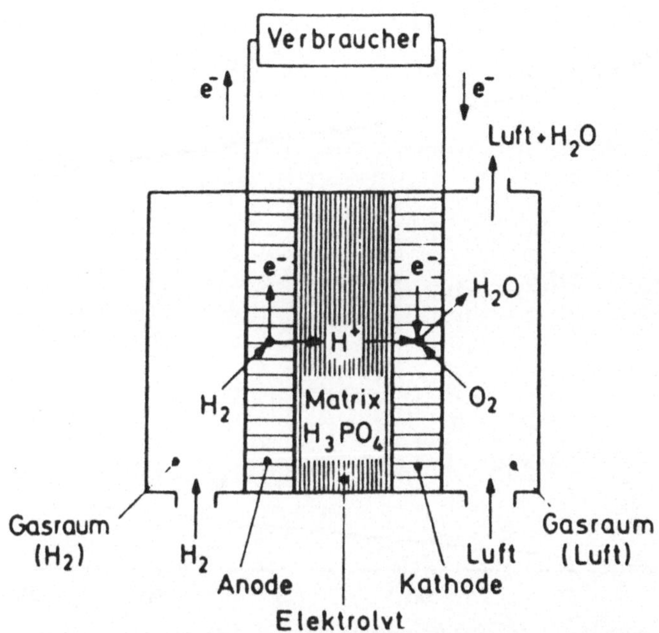

Bild 3.1-1: Schematische Darstellung einer phosphorsauren Brennstoffzelle

Bei dem genannten Brennstoffzellentyp sind dies günstigerweise Wasserstoff und Luft. An der Anode wird dabei Wasserstoff elektrochemisch oxidiert, an der Kathode der Sauerstoff aus der Luft reduziert, wobei als Endprodukt Wasser entsteht [1]. Die dieser Reaktion zugeordnete Zellenspannung von 1,23 V (25°C) wird im praktischen Aufbau nicht erreicht; aufgrund einer Mischpotentialbildung, hauptsächlich an der Luftelektrode, liegen bereits die Ruhespannungen ohne Strombelastung knapp unter 1 Volt.

Um hohe Stromdichten zu erzielen, sind die beiden Elektroden, Anode und Kathode, als Gasdiffusionselektroden ausgebildet. Dabei handelt es sich um poröse Schichten mit großer innerer Oberfläche. Eine typische Strom-Spannungs-Kurve einer phosphorsauren Zelle ist in Bild 3.1-2 dargestellt. Aufgrund der Polarisation an den beiden Elektroden, die mit steigender Stromdichte zunimmt, hat die Strom-Spannungs-Kurve eine fallende Charakteristik; die Polarisation ist daher ein Maß für die Verluste bzw. Wirkungsgradminderung [4].

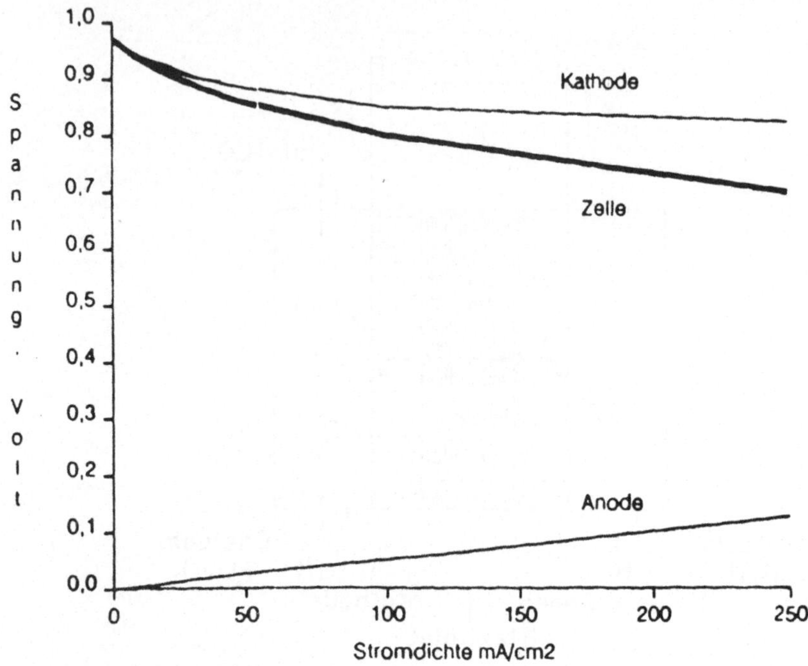

Bild 3.1-2: Zellcharakteristik einer phosphorsauren Brennstoffzelle unter Wasserstoff/Luft (190°C, 400 kPa)

3.1.2.2 Batterien

Zur Energieerzeugung können Einzelzellen wegen der geringen Spannung technisch nicht eingesetzt werden. Man muß Zellen in Reihe schalten, um höhere Spannungen zu erreichen. Die Verschaltung zur Batterie erfolgt zweckmäßigerweise bipolar. Dies ist in den Bildern 3.1-3 und 3.1-4 dargestellt, am Beispiel einer Zelle mit Wolframcarbid-Anode und Kohle-Platin-Kathode. Die Gasräume werden durch die Rippen der bipolaren Platte gebildet. Dabei erfolgt die Gasführung innerhalb des Batterieblockes für Wasserstoff in horizontaler, für Luft in vertikaler Richtung. Aufgrund der in sauren Zellen ablaufenden Reaktionen wird das Reaktionsprodukt Wasser an der Kathode gebildet, d. h. mit der überschüssigen Luft ausgetragen. Dies geschieht problemlos, da die Betriebstemperatur der Zelle bei 150 bis 210°C liegt und als Elektrolyt hochkonzentrierte Phosphorsäure verwendet wird [3].

84

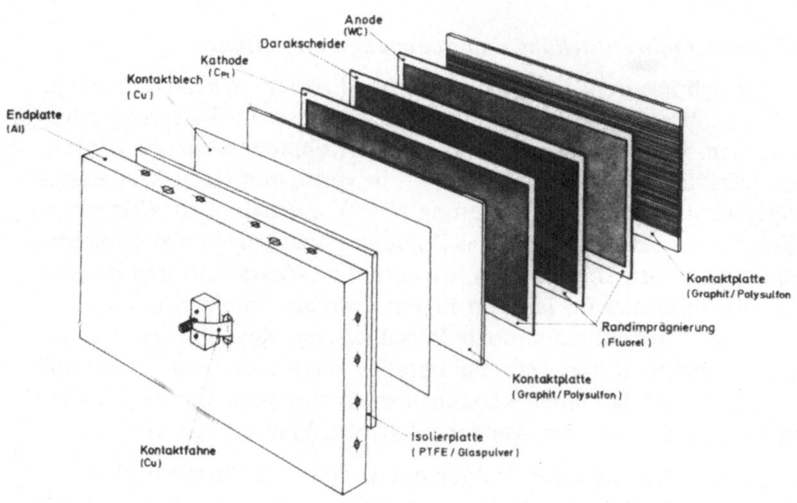

Bild 3.1-3: Brennstoffzellenbatterie (Explosionszeichnung)

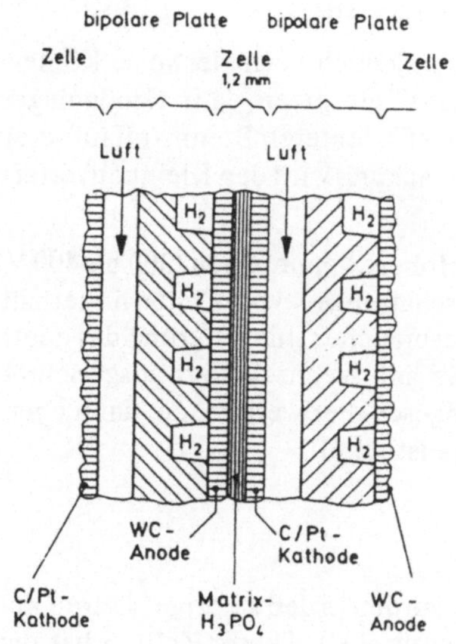

Bild 3.1-4: Querschnitt durch eine Batterie mit phosphorsauren Zellen

3.1.2.3 Brennstoffbereitstellung und Spannungsaufbereitung

In der phosphorsauren Zelle wird, wie beschrieben, Wasserstoff umgesetzt; andere Brennstoffe müssen durch Vorprozesse in Wasserstoff überführt werden. Als Primärenergieträger stehen Kohlenwasserstoffe wie Erdgas, Erdölfraktionen, Methanol, Ethanol zur Verfügung. Diese Kohlenwasserstoffe werden durch Reformierung mit Wasserdampf in Wasserstoff und Kohlenmonoxid überführt, das Kohlenmonoxid in einer zweiten Stufe, der sogenannten Shiftreaktion, wiederum in Wasserstoff und Kohlendioxid. Die Reformierung läuft im allgemeinen bei Temperaturen um 700 bis 800 °C ab, die Kohlenmonoxid-Verschiebungs-Reaktion bei deutlich niedigeren Temperaturen. Das resultierende Gasgemisch aus Wasserstoff und Kohlendioxid darf einen Restgehalt an Kohlenmonoxid von 1 % nicht überschreiten, da sonst der Anodenkatalysator Platin vergiftet wird.

Wird speziell Methanol aus der genannten Reihe als Brennstoff ausgewählt, so kann die Reformierung bei weniger als 300 °C durchgeführt werden. Hier ist allerdings auch die katalytische Crackung bevorzugt; sie läuft bei 300 bis 350 °C ab und führt zu einem Gemisch aus Wasserstoff und Kohlenmonoxid. Da 30 % Kohlenmonoxid im Crackgas enthalten sind, ist Platin nicht als Anodenkatalysator einsetzbar. In diesem Falle kann Wolframcarbid als Anodenkatalysator verwendet werden, der auch von hohen Kohlenmonoxidgehalten nicht angegriffen wird.

Bei Anlagen größerer Leistung wird man jedoch normalerweise Kohlenwasserstoffe wie Erdgas usw. als Brennstoff einsetzen, da in Großanlagen die Möglichkeit einer umfangreicheren, effizienteren Brennstoffaufbereitung besteht. Die einfachere Methanolcrackung wird den Kleinkonvertern vorbehalten bleiben.

Brennstoffzellen liefern Gleichstrom. Höhere Spannungen (300 bis 400 V) werden durch entsprechende Reihenschaltungen von Zellen innerhalb eines Batterieblockes erhalten. Viele Verbraucher sind aufgrund des heutigen Angebotes an elektrischer Energie auf Wechselstrom ausgerichtet; d.h. eine DC/AC-Wandlung muß nachgeschaltet werden, die dann ebenfalls Bestandteil des Energiekonverters ist [5, 6].

3.1.2.4 Schwefelsaure Zellen

Parallel zu den phosphorsauren Zellen wurden in den siebziger Jahren Zellen mit Schwefelsäure als Elektrolyt entwickelt. Dieser Zelltyp hat den Vorteil, daß die Arbeitstemperaturen unter 100 °C liegen. Aufgrund der katalytisch ausreichend aktivierbaren Sauerstoffreduktion erzielt man auch bei diesen Temperaturen relativ hohe Stromdichten. Dennoch waren es zwei gravierende Nachteile, die den praktischen Einsatz dieses Batterietypes verhinderten:

- Einsatz und Regelung des Elektrolytkreislaufes
- und im Vergleich zur phosphorsauren Batterie Verlustwärme auf zu geringem Temperaturniveau.

Der Einsatz fixierter Schwefelsäure in Form sulfonierter Polymere stellt in abgewandelter Form die Fortführung dieses Zelltypes dar.

3.1.2.5 Anwendung phosphorsaurer Brennstoffzellen

Phosphorsaure Brennstoffzellen sind in einem weiten Leistungsbereich von kW bis MW einsetzbar. Damit können viele Anwendungsfelder für Brennstoffzellen erschlossen werden:

- Kleinere Kraftwerke (bis 100 MW)
- Blockheizkraftwerke (BHKW)
- Hausversorgung mit Strom-Wärme-Erzeugung
- Generatoren für einen Langzeit-Insel-Betrieb
- Schwertraktion (Gabelstapler usw.)

Beim Einsatz in der Praxis müssen Brennstoffzellen über eine ausreichende Lebensdauer verfügen. Allgemein werden 40 000 h als genügend angesehen. Mit einer fünfzelligen Batterie ist diese Betriebszeit bereits erreicht worden, wobei die Zellspannungen um etwa 0,1 Volt abnahmen. Wertvolle Praxiserfahrungen erbrachten die Demonstrationsvorhaben mit Brennstoffzellenkraftwerken im MW-Bereich sowie ein Feldversuch mit 42 40-kW-Einheiten in Nordamerika und Japan. Hier lagen die längsten Betriebszeiten über 11 000 Stunden. Störungen waren in den wenigsten Fällen auf die zentrale Brennstoffzellenbatterie oder den Reformer zurückzuführen [9].

Auch die beiden 1-MW-Kraftwerke, die derzeit in Japan betrieben werden, arbeiten zufriedenstellend. Von den vorgegebenen Zielen sind lediglich die Werte für die Aufwärmzeiten und Ansprechverhalten bei Lastwechsel nicht erreicht worden [7, 10, 11].

Der elektrische Wirkungsgrad dieser Aggregate, d. h. der Gesamtanlagen mit Spannungs- und Brennstoffaufbereitung, liegt bei etwa 40 %. Die Ener-

giewirkungsgrade (thermische und elektrische Energie) können bis zu 80 %
betragen.

3.1.2.6 Aussichten der phosphorsauren Brennstoffzellenbatterie

Obgleich andere BZ-Systeme höhere spezifische Leistungen erbringen
können, ist die Phosphorsäure-Brennstoffzelle der elektrochemische
Energiekonverter, der in Umkehrung der Elektrolysereaktion am häufigsten gebaut wurde [13]. Leistungen von wenigen Watt über kW bis 5 MW
wurden in Aggregaten verwirklicht. Nichtsdestoweniger haben diese Energiewandler den Markt noch nicht erreicht. Es gibt Stimmen, die behaup-
ten, besonders nach dem jahrelangen Tauziehen in den USA um das
11 MW-Projekt, dieser Typ werde den Markt nie erreichen. Dies ist allerdings ein Standpunkt, der den Entwicklungen auf diesem Sektor und den
neuesten Erfolgen nicht ganz gerecht wird.

Es bestehen keine Zweifel, daß phosphorsaure Brennstoffzellen die technischen Anforderungen erfüllen werden. Bis heute scheiterte ein weiter-
gehender Einsatz aber an den zu hohen Anlagekosten. Ziel muß es daher
sein, durch Vereinfachung der Zell- und Aggregatekomponenten die Anlagekosten zu senken und damit diese Technik wettbewerbsfähiger zu
machen (Bild 3.1-5) [19].

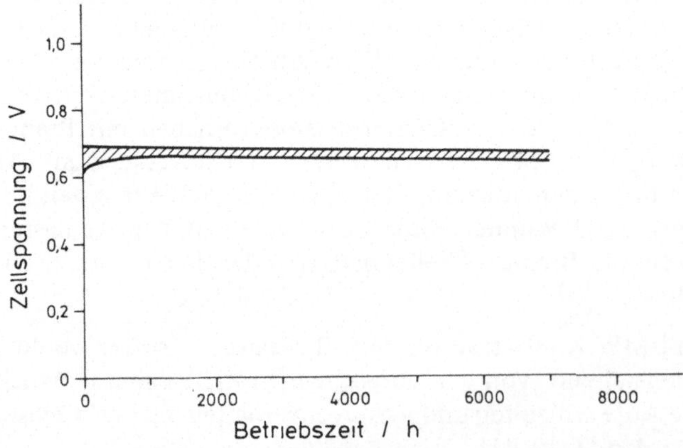

Bild 3.1-5: Bandbreite des Spannungsverlustes von Zellen über die Betriebszeit,
205 °C, 1600 A/m², nach Entwicklungsarbeiten bei der japanischen Firma Hitachi
[19], neuartige Strukturen mit Zellenstärken von rund 2,4 mm

3.1.3 Das Brennstoffzellensystem

3.1.3.1 Beschreibung des Energiekonverters

In Bild 3.1-6 ist das Schema eines Energiekonverters auf der Basis der phosphorsauren Brennstoffzelle zusammengestellt. Es zeigt auf, daß selbst bei dem prinzipiell einfachen Betrieb der sauren Zelle eine Vielzahl von Zusatzaggregaten notwendig ist, um zu einem Kleinkraftwerk zu kommen. Wenig beachtet ist z. B. die sogenannte Sicherheitsspülung mit Inertgas, die bei Alarm bzw. längerem Stillstand eingreifen muß.

Die Analyse der Demonstrationsvorhaben, die, wie erwähnt, seit 1975 laufen, haben die Äquivalenz von BZ-Block und Peripherie zumindest bei den Ausfallursachen bewiesen. Diese Peripherie ist allerdings gekennzeichnet durch eine Anlagen-, Sensor- und Regelungstechnik, für die es in der chemischen Verfahrenstechnologie Vorbilder gibt und die von deren Weiterentwicklung partizipieren kann.

3.1.3.2 Brennstoffzellenblock

Das Prinzip der Phosphorsäurebrennstoffzelle wurde in den Bildern 3.1-1 und 3.1-4 dargestellt [3]. Wie bei allen übrigen BZ-Typen bestimmt die Katalyse auf Anoden- und Kathodenseite die Leistungsfähigkeit der Reaktion. Hier gilt als Basis die sogenannte IR-freie Definition. Grundlage der Übersetzung hingegen in hohe Stromdichten bei geringen Spannungsverlusten ist die Ionenleitung zwischen Anode und Kathode bzw. die Elektronenableitung. Dies bedeutet bei der technischen Auslegung die Berücksichtigung und Minimierung des IR-Anteiles.

Die Ionenleitung beeinflußt in der Zelle durchaus die Leistung und erfordert entweder höhere Temperaturen oder dünnere Schichten des festgelegten Elektrolyten. Die Phosphorsäurezellen werden unter anderem auch deshalb bei maximal 210°C und erhöhtem Druck betrieben.

Bei der elektronischen Ableitung ist man im sauren Bereich auf Kohle und Graphit angewiesen. Metalle wie Kupfer oder Nickel dürfen nur als vollständig gegen Säurekontakt geschützte Zwischenschichten eingesetzt werden. Nichtsdestoweniger reicht die Leitfähigkeit der graphitierten Kohlen aus; positiv bewertet werden kann der Einsatz vielfältiger und preiswerter Materialien auf dieser Kohlenstoffbasis [14].

Für einen intern kontaktierten, bipolaren Aufbau bieten sich folgende Bauteile an: Flache Graphitplatten mit Foliengraphit als Gassperre, Gra-

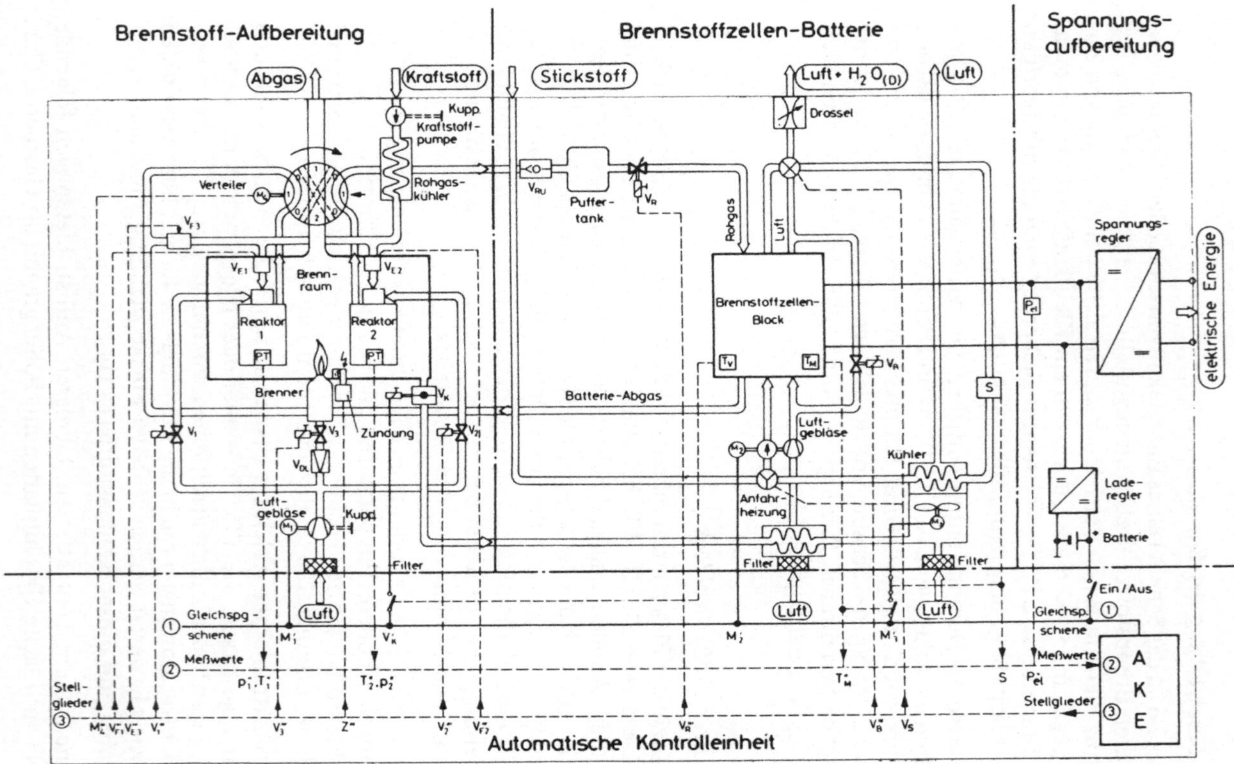

Bild 3.1-6: Energiekonverter mit Methanolcracker, Phosphorsäurebrennstoffzellen und Spannungsregler

phitfilz zur Gasführung und Ableitung, Graphitpapiere mit PTFE-Hydrophobierung und Katalysatorauftrag, hochporöse Phosphorsäureträgerelemente aus porösem PTFE-, Polysulfon- oder PTFE-SiC-Schichten.

Ein Brennstoffzellenblock benötigt zusätzliche Stapelbauelemente, die aus hochwertigen faserverstärkten Kunststoffen oder Graphitringdichtungen mit Kunststofftrennschichten bestehen können. Zweckmäßigerweise sollten die Gasversorgungen und Nachfüllkanäle für Elektrolyt in den Außenrahmen integriert werden.

3.1.3.3 Brennstoffbereitstellung

Die Phosphorsäurebrennstoffzelle kann nur wasserstoffhaltige Gase mit geringsten Kohlenmonoxidgehalten ohne Aktivitätsverluste umsetzen. Der direkte Einsatz von Wasserstoff aus Speichern oder in Gemischen mit Kohlendioxid, Stickstoff und Wasserdampf bietet sich an. Die Dampfreformierung von Kohlenwasserstoffen bei 1100°C oder katalytisch bei 800°C sind entsprechende Prozesse zur Herstellung eines wasserstoffreichen Brenngases. Der Kohlenmonoxidgehalt liegt bei 10 bis 15 Vol.-%. Zwei bis drei Stufen einer Konvertierungsreaktion können den CO-Anteil unter 100 Vppm absenken. Die Betriebsweise der Zellen und der Aufwand zur CO-Reduzierung sind kritische Abstimmungspunkte der Brennstoffaufbereitung.

Für kleinere Aggregate kann man zusätzlich die Methanolreformierung bei wesentlich niedrigeren Temperaturen heranziehen. Die Firma Energy Research Corporation (USA) hat in den Jahren 1975 bis 1987 eine Reihe von Kleinkonvertern auf dieser Basis gebaut.

3.1.3.4 Aggregataufbau

Die Entwicklung eines Brennstoffzellenkonverters sollte zu einem Aggregat führen, das aufgrund weniger bewegter Teile leichter betreibbar ist als ein Dieselgenerator. Dieser Stand ist noch nicht ganz erreicht. Ein Problem ist hierbei die Kaltstarteigenschaft besonders der phosphorsauren Zellen. An dieser Stelle müssen neue Überlegungen über Energiezwischenspeicherung, getaktete Fahrweise, optimale Wärmeisolierung auf der einen Seite, kombiniert mit der Wärmeabfuhr auf der anderen Seite, angestellt werden. Die Anpassung einer speicherprogrammierbaren Steuerung könnte aus den Erfahrungen bei Elektrolyseanlagen abgeleitet werden [15].

3.1.4 Vorteile der Phosphorsäurebrennstoffzelle

3.1.4.1 Vergleich mit anderen BZ-Prinzipien

Abgesehen vom hohen Entwicklungsstand gibt es bei der sauren BZ und hier besonders beim Betrieb über 100 °C Vorteile, die letztendlich auch zur Entwicklung motivierten:

- Keine Kohlendioxid- und Wasserproblematik
- Geringe Edelmetallbelegung
- Einsatz preisgünstiger Materialien

Die alkalische BZ setzt sowohl auf der Anoden- als auch auf der Kathodenseite Kohlendioxid irreversibel zu Karbonat um. Sie ist daher nur für den Betrieb mit reinen Gasen prädestiniert. Eine allgemeinere Anwendung erscheint nicht in Sicht. Die früher genannten Zellen mit sulfonierten Polymerelektrolytschichten sind in der Brenngasversorgung vergleichbar mit der phosphorsauren Brennstoffzelle; ihr einziger, derzeit sichtbarer Nachteil ist ein Entwicklungsrückstand, der es im Augenblick schwierig macht, die Kosten abzuschätzen.

Die Mittel- und Hochtemperatur-Zellen haben im Vergleich zur Polymerelektrolytvariante einen noch größeren Entwicklungsrückstand.

3.1.4.2 Kraftwerke/Blockheizkraftwerke

Obgleich die kapitalintensivsten Demonstrationen auf dem Gebiet der MW-Anlagen und im Bereich von Kraftwerken durchgeführt wurden, erscheint diese Anwendung durchaus problematisch. Der notwendige Edelmetalleinsatz erlaubt den Aufbau bzw. den Ersatz von Großkraftwerken nicht. Eine Entlastung des Umwelt- und Energieproblems kann man in diesem Bereich mit allen Unsicherheiten nur von den Karbonatschmelzen- und oxidkeramischen Brennstoffzellen erwarten.

Demgegenüber ist ein Ersatz der heutigen Blockheizkraftwerke auf Diesel- und Gasmotorbasis in Ballungsgebieten denkbar. Da die hohen Emissionsraten dieser Anlagen nur schwer ganz ausschaltbar sind, hat die phosphorsaure Brennstoffzelle langfristig Vorteile im BHKW-Betrieb durch erhebliche Reduktion des Schadstoffausstoßes.

3.1.4.3 Schwertraktion

Für die Ausrüstung und den Betrieb des Elektroautos gilt eine ähnliche Aussage wie für den Ersatz der Großkraftwerke: Die Mobilität kann durch den Übergang zum KFZ, bestückt mit der phosphorsauren BZ, nicht erhalten bleiben, da die Menge der vorhandenen Edelmetallkatalysatoren ebenfalls nicht ausreichen würde. Langfristig können hier nur ein neues Konzept der Hochtemperaturbrennstoffzelle oder Natrium/Schwefel- bzw. Natrium/Metallchlorid-Batterien weiterhelfen.

Der Ersatz der bleibatteriebetriebenen sogenannten Schwertraktionsfahrzeuge hat hingegen eine reelle Chance, da lange Ladezeiten oder eine Batteriedoppelbestückung wegfallen können.

3.1.4.4 Inselbetrieb

Wenn es gelingt, einen Brennstoffzellenbetrieb zu erreichen, der dem Dieselgenerator überlegen ist, dann wird der vielfältige Einatz als netzunabhängiger (remote) Stromgenerator interessant. Die Bereitstellung von elektrischer Energie, Heizung, Lüftung und Kühlung, unabhängig vom heißen und emissionsträchtigen Verbrennungsmotor, unterstützt bei hohem elektrischen Wirkungsgrad Anwendungen im weltweiten Kommunikations- und Sensor- bzw. Vorwarnbereich.

3.1.5 Entwicklungsproblematik

3.1.5.1 Metastabilität der eingesetzten Werkstoffe

3.1.5.1.1 Hydrophilität der porösen Gasdiffusionselektroden

Ein fertigungstechnisches Problem ist die Einstellung und Stabilisierung der Drei-Phasen-Zone in einem relativ schmalen Aktivbereich. Die eingesetzte Werkstofftechnik geht von der Sperrwirkung des hydrophoben PTFE in Richtung auf die teilfixierte Säure aus. Diese Sperrwirkung darf nicht optimal eingestellt werden, da die notwendige Elektronenleitfähigkeit und die Ausdehnung der stark aufgefalteten Drei-Phasen-Fläche dem entgegensteht. Die Folge sind labile Zustände im Hinblick auf Benetzungswinkel und Kapillarkräfte, die sich in Elektrolytverlust und Aktivitätsabnahme über die Betriebszeit auswirken.

3.1.5.1.2 Oxidation des Kathodenträgers, Kristallitwachstum

Selbst wenn die Stabilisierung des Elektrolyten und damit der Drei-Phasen-Zone gelingt, ist der nächste instabile Zustand durch das Pourbaix-Diagramm der Kohle vorgegeben. Die Kohle oxidiert unter Kathodenpotential und erhöhter Betriebstemperatur. Der Materialverlust des Katalysatorträgers erleichtert das Zusammenwachsen der Edelmetallkristallite und beschleunigt ebenfalls die Leistungsabnahme.

3.1.5.1.3 Vergiftungsempfindlichkeit des Anodenkatalysators

Das Konzept der phosphorsauren Brennstoffzelle sieht, wie erwähnt, eine Versorgung mit flüssigen Brennstoffen wie Benzin, Dieselöl, Methanol oder Erdgas vor. Dies erfordert bei Verwendung des Edelmetallkatalysators eine Wasserreformierung mit nachfolgender Umsetzung des Kohlenmonoxids zum Kohlendioxid. Selbst die dann noch verbleibenden geringen Mengen an Monoxid können bei tieferen Temperaturen zum Aktivitätsverlust auf der Anodenseite führen. Höhere Betriebstemperaturen: 205 bis 210°C und Druckbetrieb machen die Vergiftung zumindest teilweise rückgängig.

3.1.5.2 Entwicklungsansätze

3.1.5.2.1 Reduzierung der spezifischen Katalysatorbelegung

Trotz einer Reihe vielversprechender Ansätze ist es nicht gelungen, den Edelmetallkatalysator der Phosphorsäure-Brennstoffzelle zu ersetzen [9]. Gelungen ist allerdings eine erhebliche Reduzierung der spezifischen Belegung. Dies war die Folge einer intensiven Untersuchung zur Definition der aktiven Zone in Dünnschichtelektroden. So konnte z. B. im Rahmen der UTC-Aggregate PC18 bis PC25 die Belegung von über 5 mg Pt pro cm^2 auf 0,25 mg (Anode) bzw. 0,5 mg (Kathode) bei steigender Leistungsfähigkeit reduziert werden.

3.1.5.2.2 Verbesserung der Langzeitstabilität

Aufgrund der metastabilen Zustände in der phosphorsauren Brennstoffzelle ist ein Leistungsverlust über die Betriebszeit einzurechnen. Dieser Verlust wird unter sonst gleichen Bedingungen bei Temperaturerhöhungen ansteigen. Gleichzeitig verringert die erhöhte Temperatur die Vergiftung mit Katalysatorgiften. Somit wird die Verlängerung der Lebensdauer abhängig von entgegenlaufenden Bedingungen.

Zu Beginn der Arbeiten an größeren BZ-Batterien lagen die Laufzeiten bei 5000 bis maximal 10000 Stunden. Die Ausfallursachen waren Elektrolytverlust (Durchbenetzung), mechanische Fehler, thermisch überbeanspruchte Stellen. Degradationsverluste durch Veränderungen am Katalysator waren bei diesen Anfangsausfällen schwierig zu differenzieren. In der Zwischenzeit hat man zumindest teilweise die ersten Ausfallursachen behoben und sieht die notwendigen 40 000 Betriebsstunden (5 Jahre bei 8 000 Stunden/Jahr) erreichbar [16], Bild 3.1-7.

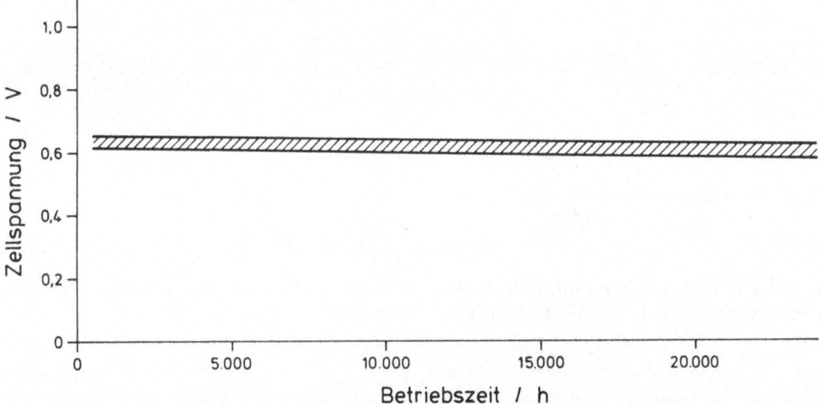

Bild 3.1-7: Bandbreite des Spannungsverlustes einer phosphorsauren Brennstoffzelle über 24 000 Betriebsstunden nach Arbeiten der Firma Energy Research Corporation (USA) [16]; Betriebsbedingungen: 190 °C, 2 000 A/m^2

Hinzu kamen Erfolge mit Legierungskatalysatoren [20], die höhere Leistungsdichten und geringere Verluste über die Zeit aufweisen. Besonders ternäre Kombinationen scheinen die zukünftigen Katalysatoren für die phosphorsaure Brennstoffzelle zu werden [8, 17], Bild 3.1-8, 3.1-9.

3.1.6 Leistungsfähigkeit der Phosphorsäure-Brennstoffzelle

Die hohen spezifischen Leistungen einer alkalischen Brennstoffzelle wird die phosphorsaure Zelle nicht erreichen. Dennoch konnte in den letzten 20 Jahren eine Steigerung von 0,75 auf 2,1 kW/m^2 bei Zellflächen um 0,2 bis 1 m^2 erreicht werden. Gleichzeitig ging der Platinverbrauch auf 7,5 g pro m^2 zurück.

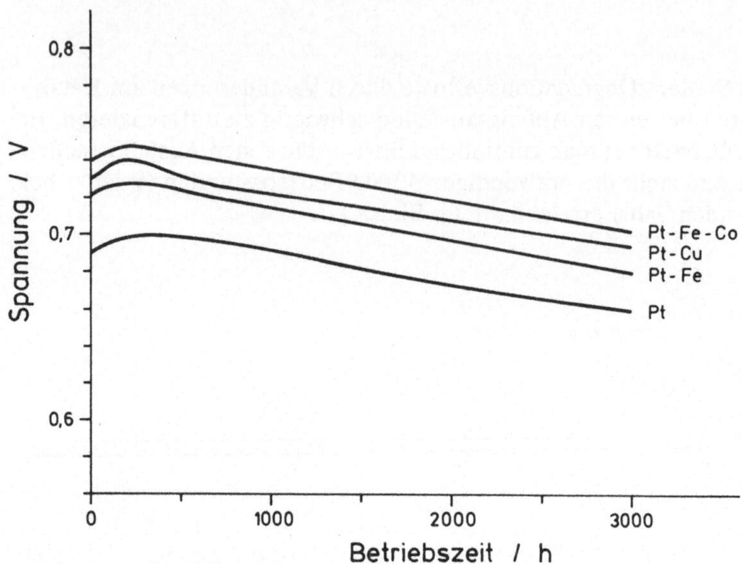

Bild 3.1-8: Degradation binärer und ternärer Legierungskatalysatoren über 3 000 Betriebsstunden nach T. Ito et al. [17]

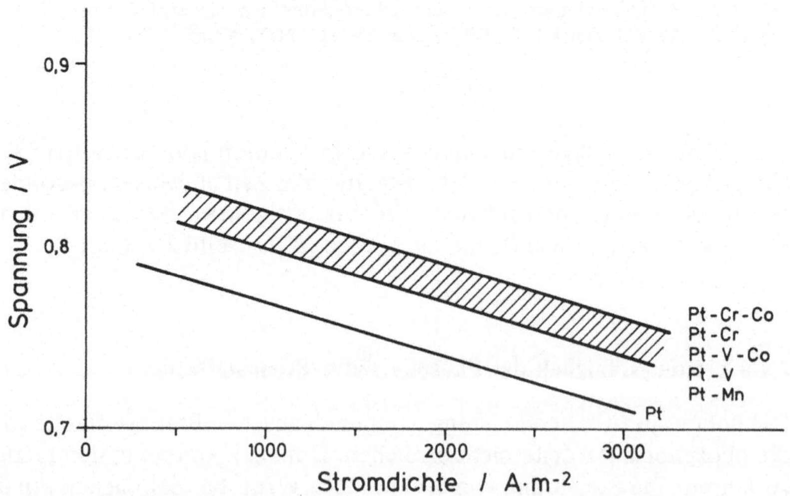

Bild 3.1-9: Vergleich Legierungskatalysatoren mit reinen Platinkatalysatoren nach Tsurumi, Watanabe et al. [8]

Eine inoffizielle Produktionskalkulation sieht unter Beibehaltung des für Massenherstellung nicht optimalen Schälverfahrens [18] und bei Aufbau kleinerer BZ-Blöcke (30 Zellen/350 cm^2) Kosten um 20 TDM pro m^2 vor.

Bei Einsatz preisgünstiger Materialien und Vergrößerung der Produktion wie auch der Schichten könnten Kosten von 5 bis 10 TDM/m^2 einstellbar sein.

Die Leistung pro m^2 geht hierbei entscheidend in die spezifische Bewertung pro kW ein: Ein Übergang von 2 auf 4 kW/m^2 würde die Markteinführung erheblich erleichtern.

3.1.7 Schlußfolgerungen

Die Entwicklungen auf dem Gebiet der phosphorsauren Brennstoffzelle für den terrestrischen Einsatz sind noch nicht soweit gediehen, daß eine Markteinführung leicht durchführbar ist. Die Chancen dafür stehen aber, trotz früher zu positiver Einschätzungen und nachfolgender Rückschläge, nicht schlecht. Dieser Markt wird weder der Kraftwerksbereich noch das allgemeine Elektroauto sein. Dagegen sprechen schon einfache Berechnungen des Pt-Verbrauches. Für den BHKW-Bereich in kritischen Gebieten, Schwertraktion, Inselbetrieb könnte man sich den Verbrauch von 2 bis 10 % des Platinweltaufkommens vorstellen. Damit könnten mehrere zehntausend Aggregate im Bereich von 10 bis 1 000 kW pro Jahr gebaut werden. Dies bedeutet einen relativ kleinen Weltmarkt von 20 bis 50 Milliarden DM, wäre aber dennoch für den Einstieg und die weitere Beteiligung an dieser Technologie in der Bundesrepublik äußerst wichtig.

3.1.8 Litertur

[1] *W. Vielstich:* Brennstoffelemente. Verlag Chemie, Weinheim, 1965

[2] *H. A. Liebhafsky, E. J. Cairns:* Fuel Cells and Fuel Batteries. Wiley, New York, 1968

[3] *H. Böhm, R. Fleischmann:* DECHEMA-Monographien **92**, (1982) 309/321

[4] *H. Böhm:* Brennstoffzellen mit saurem Elektrolyten in Elektrochemische Energietechnik. Herausgeber BMFT, 1981, 250/263

[5] EPRI EM-1566 RP 842-5. Improved FCG-1 Cell Technology, Final Report Oct. 1980

[6] EPRI EM-1134 RP 842-4. Integral Cell Scale-up and Performance Verification. Final Report June 1979

[7] Fuel Cell Development Information Center Fuel Cell Research and Development in Japan, June 1987

[8] *K. Tsurumi, S. Kawaguchi, T. Nakamura, M. Watanabe, P. Stonehart:* Development of Second Generation High Performance Electrocatalysts for Phosphoric Acid Fuel Cells. Abstr. Fuel Cell Seminar 1988, Long Beach, S. 202

[9] *J. W. Schmitt:* Fuel Cell Activities at International Fuel Cells. Proceedings CEC – Italian Fuel Cell Workshop, Taormina 1987, S. 75

[10] *T. Ishigaki* et al.: Outline of PAC and Generation Test for Chita 1 MW-PAFC-Plant. Abstr. Fuel Cell Seminar 1988, Long Beach, S. 37

[11] *N. Itoh* et al.: The Construction and Operation of 1 MW Dispersed Type PAFC-Plant. Abstr. Fuel Cell Seminar 1988, Long Beach, S. 226

[12] *H. Böhm:* Brennstoffzellen. Technischer Stand und Anwendungsmöglichkeiten. Erdöl und Kohle/Erdgase/Petrochemie **42**, (1989) 554/562

[13] *S. Srinivasan:* Fuel Cells for Extraterrestrial and Terrestrial Applications. J. Electrochem. Soc. **136**, (1989) 41 C/48 C

[14] *K. Kordesch:* Kapitel 2.4

[15] *H. Vandenborre:* Private Mitteilung

[16] *A. Kush, E. Christner, H. Maru:* Endurance Testing of Phosphoric Acid Fuel Cells. Abstr. Fuel Cell Seminar 1988, Long Beach, S. 173

[17] *T. Ito, K. Kato, M. Kamiya, H. Kirinuki:* Advanced Electrocatalysts for Phosphoric Acid Fuel Cells. Abstr. Fuel Cell Seminar 1988, Long Beach, S. 160

[18] *R. Fleischmann:* Forschungsbericht T 82-167, Rohgas/Luft-Brennstoffzellen mit einer Phosphorsäurematrix FIZ Karlsruhe, 1982

[19] *Y. Tsutsumi, N. Uozumi, I. Sone, T. Takemoto:* Study on Advanced Type Phosporic Acid Fuel Cell. Abstr. Fuel Cell Seminar 1988, Long Beach, S. 84

[20] *A. J. Appleby:* Energy (Oxf.) **11**, (1986) 13

3.2 Phosphorsaure Brennstoffzellen in der Kraft-Wärme-Kopplung

K. Altfeld

Ruhrgas AG, Betriebe Dorsten

3.2.1 Einführung

In der Bundesrepublik Deutschland werden seit mehr als zehn Jahren erdgasbetriebene Blockheizkraftwerke (BHKW) zur gleichzeitigen Strom- und Wärmeerzeugung (Kraft-Wärme-Kopplung) eingesetzt. Hauptanwendungsbereiche sind Schul- und Sportzentren, Verwaltungsgebäude, Kaufhäuser, Hotels und Industriebetriebe. Die mechanische Energie der heute eingesetzten Kolbenmotoren bzw. Gasturbinen wird mittels Generatoren in Strom umgewandelt, während die Abwärme zur Beheizung, Dampferzeugung oder Trocknung verwendet wird. Dadurch werden Gesamtwirkungsgrade um 85% erreicht, in Einzelfällen liegen die Werte sogar über 90%.

Derzeit sind in der Bundesrepublik Deutschland mehr als 700 gasmotorbetriebene und 40 gasturbinenbetriebene BHKW im Einsatz. Künftig kann mit einer weiteren Zunahme erdgasbetriebener Anlagen gerechnet werden, da diese Systeme neben der sehr hohen Energieausnutzung auch niedrige Schadstoffemissionen aufweisen. Die elektrischen Leistungen der Anlagen liegen zwischen 0,1 und 26 MW mit einer Durchschnittsleistung von ca. 0,6 MW. Die Einsatzmöglichkeiten von Gasturbinen werden durch die Entwicklung effizienter, schadstoffarmer Kleingasturbinen mit 0,5 bis 1,5 MW Leistung erweitert.

Mit Brennstoffzellen entwickelt sich eine neue Technik der Kraft-Wärme-Kopplung, die das Potential hat, Marktsegmente der herkömmlichen Technik zu übernehmen und neue Einsatzmöglichkeiten zu erschließen.

3.2.2 Brennstoffzellen für Erdgasbetrieb

Brennstoffzellen sind galvanische Elemente. Sie wandeln die im Brennstoff gespeicherte chemische Energie direkt – auf elektrochemischem Wege – in elektrische Energie und Wärme um. Brennstoffzellen benötigen zum Betrieb ein wasserstoffreiches Gas, das besonders einfach und kostengünstig aus Erdgas hergestellt werden kann. Andere fossile Energieträger

(Öl oder Kohle) sind dafür naturgemäß weniger gut geeignet. Daher sind Brennstoffzellen ausgesprochen erdgasaffin.

Aus der Vielzahl existierender Brennstoffzellentypen erscheinen nur die Phosphorsäure- und Hochtemperatur-Brennstoffzellen für den Einsatz in der Kraft-Wärme-Kopplung geeignet. Bei den Hochtemperatur-Brennstoffzellen ist allerdings noch ein erheblicher Entwicklungsaufwand notwendig; eine Markteinführung ist frühestens gegen Ende dieses Jahrhunderts zu erwarten.

Die Phosphorsäure-Brennstoffzellen haben mittlerweile eine beachtliche technische Reife erreicht, die gute Effizienz und Umweltfreundlichkeit wurde in einem umfangreichen Feldtest in den USA nachgewiesen. Problematisch sind die relativ hohen Investitionskosten und das Langzeitverhalten des Zellenstapels. Durch den Betrieb einer 200-kW-Demonstrationsanlage will die Ruhrgas AG die Markteinführung unterstützen und die technische Reife durch eigene Untersuchungen feststellen.

3.2.3 200 kW-Phosphorsäure-Brennstoffzellenanlage

Das amerikanische Unternehmen International Fuel Cells (IFC) fertigt derzeit 200-kW-Phosphorsäure-Brennstoffzellen in einer kleinen Serie (ca. 100 Einheiten). Auch die Ruhrgas AG hat eine solche Einheit bestellt, die Mitte 1992 geliefert wird. Die erwarteten Leistungsdaten sind in Tabelle 3.2-1 aufgeführt. Zum Vergleich sind auch die Leistungsdaten eines gasmotorbetriebenen BHKW mit Drei-Wege-Katalysator angegeben. Aus Tabelle 3.2-1 ist ersichtlich, daß bei vorrangiger Stromerzeugung die Brennstoffzelle überlegen ist, bei vorrangiger Wärmeerzeugung dagegen der Gasmotor, da nicht nur der thermische Wirkungsgrad, sondern auch das Temperaturniveau der Abwärme höher liegt. Die Abwärme der Brennstoffzelle ($T < 80\,^{\circ}C$) kann nur zur Raumheizung und Brauchwassererwärmung genutzt werden. Eine Anhebung des Abwärmetemperaturniveaus durch technische Änderungen wäre aus anwendungstechnischer Sicht wünschenswert. Allerdings ist zu berücksichtigen, daß die erzeugte elektrische Energie wirtschaftlich 3 bis 5mal höher bewertet wird als die thermische Energie.

Ein weiterer Gesichtspunkt ist das gute Teillastverhalten der Brennstoffzelle. Der elektrische Wirkungsgrad bleibt im gesamten Leistungsbereich nahezu konstant, Leistungsänderungen können in wenigen Sekunden er-

100

folgen. Diese Vorteile sind dann besonders interessant, wenn die Brennstoffzelle im Inselbetrieb eingesetzt wird, also nicht in ein großes Stromnetz integriert ist.

Angaben zum Emissionsverhalten der 200-kW-Phosphorsäure-Brennstoffzelle enthält Tabelle 3.2-2. Zum Vergleich sind die nach der TA Luft für Gasmotoren vorgeschriebenen Grenzwerte aufgeführt.

Die spezifischen Investitionskosten der in Kleinserie gefertigten 200-kW-Brennstoffzellenanlagen liegen derzeit bei 4000 bis 4500 DM/kW. Sie sind damit noch etwa doppelt so hoch wie bei einem Gasmotor-Blockheizkraftwerk mit Drei-Wege-Katalysator. Nach Angaben von IFC wird Mitte der 90er Jahre eine zweite, wesentlich größere Serie (1000 Stück) gebaut; dadurch können die Kosten auf 2500 bis 3000 DM/kW reduziert werden.

	200-kW-Phosphor-säure-Brennstoffzelle	Gasmotor mit Drei-Wege-Katalysator
Erdgasverbrauch m³/h	45,5	45,5
Elektrische Leistung kW	200	166
Thermische Leistung kW	200	260
Elektr. Wirkungsgrad %	40	33
Therm. Wirkungsgrad %	40	52
Gesamtwirkungsgrad %	80	85

Tabelle 3.2-1: Leistungsdaten einer 200-kW-Brennstoffzelle und eines Gasmotors mit Drei-Wege-Katalysator

	Emissionen 200-kW-Brennstoffzelle	Grenzwerte für Gasmotoren (TA Luft, 1986)
	g/m³ Abgas (5 % O_2 im Abgas)	
Stickstoffoxide (NO$_x$)	< 0,01	0,50
Kohlenmonoxid (CO)	< 0,02	0,65
Kohlenwasserstoffe (HC)	< 0,03	0,15

Tabelle 3.2-2: Emissionen einer 200-kW-Brennstoffzelle und Grenzwerte der TA Luft für Gasmotoren

Unter Berücksichtigung des besseren elektrischen Wirkungsgrades ist zu erwarten, daß die Phosphorsäure-Brennstoffzellen dann gegenüber den Gasmotor-Blockheizkraftwerken konkurrenzfähig werden.

3.2.3.1 Geplantes Testprogramm

Im Ruhrgas-Entwicklungszentrum in Dorsten werden während eines etwa einjährigen Probebetriebes kontinuierlich Leistungs- und Emissionsmessungen bei unterschiedlichen Betriebsbedingungen durchgeführt. Nach erfolgreichem Abschluß der Testphase in Dorsten wird das Aggregat über mehrere Jahre als Demonstrationsanlage bei einem Stadtwerk zur Strom- und Wärmeerzeugung unter praxisnahen Bedingungen eingesetzt. Durch die Fortführung des Meßprogramms sollen Erkenntnisse über das Langzeitverhalten gewonnen werden.

3.2.4 Ausblick

Brennstoffzellen sind den Anforderungen gewachsen, die an zukünftige Energiewandler gestellt werden; dazu gehören:

- Hoher elektrischer Wirkungsgrad

- niedrige Emissionen

- gutes Teillastverhalten

- zentrale und dezentrale Verwendungsmöglichkeiten

- einfache Integration in ein sich möglicherweise entwickelndes Wasserstoffsystem.

Die mittelfristigen Marktchancen von Phosphorsäure-Brennstoffzellen in der Kraft-Wärme-Kopplung sind derzeit allerdings schwer abzuschätzen. Brennstoffzellen haben dann verbesserte Marktchancen, wenn

- die spezifischen Investitionskosten durch technische Änderungen und Serienfertigung noch erheblich gesenkt werden können,

- der Wirkungsgradvorteil bei der Stromerzeugung durch höhere Primärenergiepreise stärker zum Tragen kommt,

- das Temperaturniveau der Abwärme erhöht werden kann,

- künftig noch strengere Emissionsauflagen in Kraft treten.

Zur Verringerung der spezifischen Investitionskosten sind intensive For-
schungs- und Entwicklungsarbeiten erforderlich. Eine erfolgreiche Markteinführung von Brennstoffzellen zur dezentralen Strom- und Wärmeerzeugung benötigt daher noch einige Jahre Zeit sowie Unterstützung
durch öffentlich geförderte Entwicklungsprogramme.

Nachtrag der Herausgeber

Der Aufbau eines Brennstoffzellen-BHKW ist am Beispiel einer 40-kW-
Einheit in Bild 3.2-1 dargestellt. Dieser Vorgänger des 200-kW-Aggregats
wurde von IFC in 42 Einheiten gebaut und erfolgreich in unterschiedlichen Anwendungsfällen von 1982 bis 1986 getestet (siehe auch *H. Wendt*:
BWK **41** (1989) 463/466, *W. Vielstich*: VGB Kraftwerkstechnik **69** (1989)
559/562 und den Beitrag von W. Drenckhahn in diesem Buch).

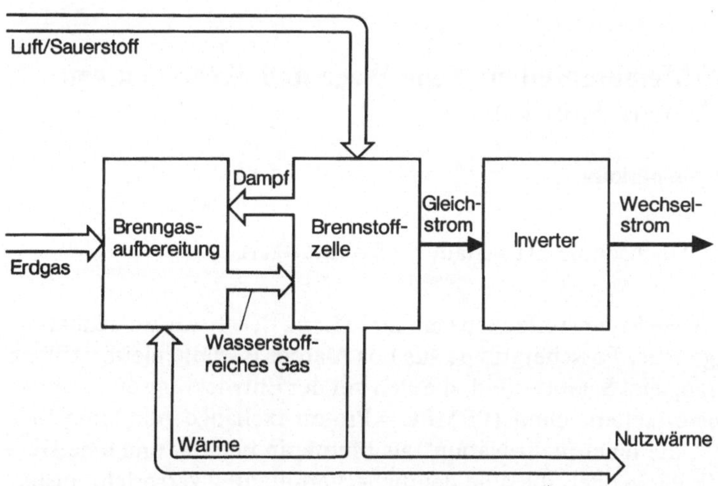

Bild 3.2-1a: 40-kW-Brennstoffzelle von IFC für den Feldversuch (1982-1986):
Prozeßschema

Bild 3.2-1 b: 40-kW-Brennstoffzelle von IFC für den Feldversuch (1982-1986): Blick auf ein montiertes Aggregat (Foto IFC)

3.3 PEM-Membranzellen: Neue Wege und Techniken von Los Alamos Natl. Labs.

Diskussionsbemerkung

H. Wendt
Technische Hochschule Darmstadt / ZSW Stuttgart

Das letztjährige Brennstoffzellenseminar in Long Beach war Anlaß mehrerer Vorträge einer Forschergruppe aus Los Alamos (Gruppenleiter: früher S. Srinivasan, jetzt S. Gottesfeld) die sich mit der Entwicklung einer Membranbrennstoffzellentechnik (PEMFC = Proton exchange membrane fuel cell) befaßt, die nicht mehr Nafion® als Membran benutzt und eine Herstelltechnik verwendet, die eine deutliche Verbilligung verspricht, insbesonders durch eine drastische Verringerung der flächenspezifischen Platinbelegung [1].

3.3.1 Die Membran

Gottesfeld und Mitarbeiter verwenden an Stelle der bisher verwendeten teuren Nafion®-Membranen, die außerdem den Nachteil eines noch relativ hohen flächenspezifischen Widerstandes aufweisen, von Dow Chemicals neu entwickelte Membranen, die billiger als Nafion® sein sollen und außerdem eine merklich bessere Leitfähigkeit besitzen, so daß sie z. B. bei gleichem flächenspezifischen Widerstand in größerer Dicke ausgeführt werden kann, was höhere Sicherheit in der Endmontage bzw. geringere Ausschlußraten zur Folge hat.

3.3.2 Formulierung der Elektroden

Die Los Alamos-Gruppe weicht grundsätzlich vom ursprünglichen Prinzip der SPE®-Elektrolyse/Brennstoffzelle ab, die eine Vorformierung der Elektroden durch Ausfällung von Edelmetallen in beiden Membranoberflächen durch ein Diffusions-Reduktionsfällungsverfahren vorsah.

Los Alamos benutzt als Elektrodenmaterial für Kathode und Anode gewöhnliche, käufliche Pt-aktivierte Ruß/Kohlenstoff-Brennstoffzellen-Elektroden, z. B. 6 % Pt/Vulcan C oder Pt/Prototech®. Diese käufliche vorgefertigte Elektrode wird mit Nafion® getränkt – benutzt werden hierzu alkoholische Nafion®-Lösungen – so daß die Oberflächen die Kohlenstoffpartikeln mit dem als Elektrolyt dienenden Nafion® bedeckt bzw. benetzt sind. Das Nafion®-getränkte Kohlepulver wird dann durch Heißpressen auf der Dow-Membran fixiert, womit die sandwichartige Struktur:

Kohle (Pt) / PEM / Kohle (Pt)

in wenigen, mechanischen Arbeitsschritten aufgebaut ist.

Die insgesamt (Anode und Kathode) aufgewendete Platinbelegung wird von Los Alamos mit 0,9 mg Pt/cm^2 angegeben. Die Wissenschaftler von LANL haben zusätzlich herausgefunden, daß die Wirksamkeit des Platins wesentlich erhöht wird, wenn es auf diejenige Elektrodenseite aufgesputtert wird, die in der Schlußmontage durch Heißpressen mit der Membran verschweißt wird.

3.3.3 Literatur:

[1] *S. Gottesfeld, I. D. Raistrick, S. Srinivasan, T. E. Springer, E. Ticianelli, C. R. Derouin, J. G. Berry, J. Pafford, R. J. Sherman*: Recent Advances in PEM Fuel Cell Research at Los Alamos Natl. Lab., Program and Abstracts. Fuel Cell Seminar, Long Beach, Oct. 23/26 1988, 206/209

3.4 Entwicklungsarbeiten für eine Methanol-verzehrende Brennstoffzelle

W. Vielstich
Universität Bonn

Die Verwendung flüssiger Brennstoffe wie Methanol oder Hydrazin erübrigt die Ausbildung einer Drei-Phasen-Zone für die Anode und vereinfacht so Aufbau und Betrieb eines bei Umgebungstemperatur arbeitenden Brennstoffzellenaggregates [1]. Der Brennstoff, gelöst im Elektrolyten, kann in relativ hochkonzentrierter Form der Katalysatorelektrode zugeführt werden. Wenn der Reaktionsablauf an der Phasengrenze Elektrode/Elektrolyt rasch ist, sind Stromdichten bis zu 1 A/cm^2 zu erzielen.

3.4.1 Methanolzellen mit alkalischem Elektrolyten

Beschränkt man sich auf den Umsatz einer vorgegebenen Menge Brennstoff-Elektrolytfüllung und auf relativ kleine Leistungen, so kann man auf einen Flüssigkeitsumlauf verzichten. Man kommt zu einem Füllelement mit zweckmäßig hydrophoben Luftelektroden als Kathoden. Stromquellen dieser Art wurden für die versuchsweise Versorgung von Signalanlagen bei Verwendung von Methanol und Formiat als Brennstoff sowie Kalilauge als Elektrolyt eingesetzt [2, 3, 4]. Ein Beispiel zeigt Bild 3.4-1. Nachteilig ist hierbei der Verbrauch der Lauge zu Karbonat.

3.4.2 Die saure Methanol-Brennstoffzelle

Der einfache Reaktionsablauf der Oxidation von Methanol in saurer Lösung zu CO_2 und H_2O nach

$$CH_3OH + 3/2\ O_2 \rightarrow CO_2 + 2H_2O$$

sowie der hohe (thermodynamische) Energieinhalt von 6 kWh pro kg Brennstoff lassen das saure CH_3OH/O_2-Element als besonders aussichtsreich erscheinen. Während im Alkalischen der anodische Umsatz durch Platin [5, 6] oder auch Raney-Nickel [7] hinreichend katalysiert wird, bildet sich in saurem Elektrolyten als inhibierendes Adsorbat eine Mischung von CO und COH [8]. Obwohl das thermodynamische Potential von Methanol

Bild 3.4-1: 22zelliges Füllelement für Natriumformiat als Brennstoff mit drucklos arbeitenden Luftelektroden für 15 bis 20 W Leistung und 72 Stunden Betriebsdauer nach Vielstich und Vogel [2]

nur um 20 mV positiv zum Wasserstoffpotential liegt, findet man an platiniertem Platin als Katalysator den in Bild 3.4-2 wiedergegebenen Strom-Zeitverlauf für den Umsatz von CH_3OH im Vergleich zu H_2. Offenbar werden die vergiftenden Adsorbate an Platin erst oberhalb + 500 mV mit ausreichender Geschwindigkeit zu CO_2 oxidiert.

$$Pt\text{-}CO + 2\ Pt\text{-}OH \rightarrow CO_2 + H_2O,\ bzw.$$
$$Pt\text{-}COH + Pt\text{-}OH \rightarrow CO_2 + 2H^+ + 2e^-$$

Ab ca. + 450 mV findet man als vorgelagerte Reaktion

$$Pt - H_2O \rightarrow Pt - OH + H^+ + e^-$$

Das für die Bildung von CO_2 notwendige Sauerstoffatom kommt also aus der wäßrigen Elektrolytlösung.

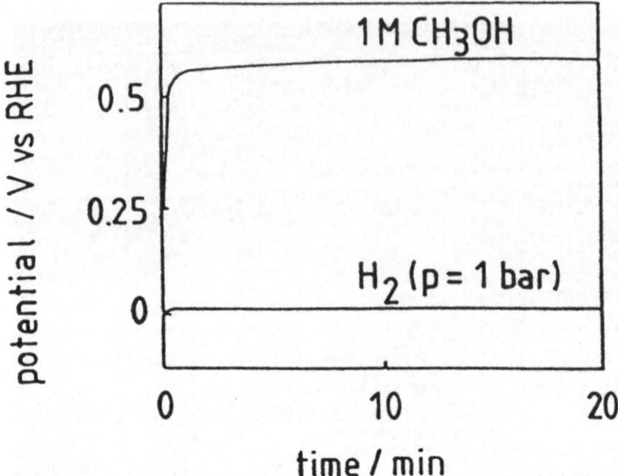

Bild 3.4-2: Elektrodenpotential während der Oxidation von Methanol bzw. Wasserstoff an einer platinierten Platinelektrode (wahre Oberfläche 130 cm^2) in 0,5 M H$_2$SO$_4$, Belastung 5 mA, Umgebungstemperatur

In der Literatur gibt es eine Reihe von Vorschlägen und Untersuchungen, durch geeignete Katalysatorwahl die anodische Oxidation von CH$_3$OH zu mehr kathodischen Potentialen zu verschieben. So schlug Koch [9] bereits 1964 Katalysatoren vor, die (a) Methanol adsorbieren und (b) in der Nähe des Wasserstoffpotentials chemisorbierten Sauerstoff bilden, wie etwa Legierungen eines Übergangsmetalls der Platingruppe Pt, Pd, Rh, Ir oder Os mit einem Metall aus der Gruppe Pb, Tl, Sn, As, Sb, Bi und Re. In den folgenden Jahren konzentrierte man sich auf die Kombination Pt und Sn [10-14]. Watanabe et al. [14] fanden maximale katalytische Aktivität für eine gleiche Verteilung von Pt und Sn in der Oberfläche. Bei 40°C und 40 mA/cm^2 (0.5 M H$_2$SO$_4$, 1 M CH$_3$OH) lag das Potential der Methanol-Anode bei + 400 mV gegen RHE.

Als tragbare Stromquelle mit 48 W Leistung (12 V, 4 A) und einem Gewicht von 6,34 kg wurde bei Hitachi Research Laboratories eine Methanol-Luftzelle mit einer Ionenaustauscher-Membran als Separator von Anode und Kathode entwickelt. Für den Methanolumsatz wurde ein Pt/Ru-Mischkatalysator auf Kohleträger eingesetzt. Bei Edelmetallmengen von 10 bis 30 mg/cm^2 sowie 60°C betrug die Klemmenspannung 400 mV für 60 mA/cm^2.

108

3.4.3 Dünnschicht-FTIR-Spektren zur Charakterisierung von Methanol-Katalysatoren

Die guten Daten von Pt/Ru-Katalysatoren lassen erwarten, daß sie die von Koch [9] geforderten Eigenschaften besitzen. Neben gutem Adsorptionsverhalten sollte eine bei niederen Potentialen einsetzende OH-Bildung die adsorbierten Gifte (vor allem CO) zu CO_2 oxidieren.

Für die in-situ-Untersuchungen von Katalysatoroberflächen eignet sich die in den letzten Jahren entwickelte Dünnschicht-FTIR-Technik. Bild 3.4-3 zeigt Spektren aus dem Bereich der Doppelschicht einer Platinelektrode während der Oxidation von Methanol für entstehende und verschwindende Spezies. Katalysatorgift ist vor allem linear an die Oberfläche gebundenes CO ($v = 2057$ cm^{-1}). Der Vergleich mit einer Pt/Ru-Oberfläche sowie mit einer ternären Pt-Legierung (Bild 3.4-4) belegt die stark reduzierte Bildung von CO gegenüber Platin bei gleichzeitig erheblich gesteigerter Oxidationsrate. Ein Maß hierfür ist die Entwicklung von CO_2, ausgewiesen durch die scharfe Bande bei 2341 cm^{-1}. In der Tat lassen sich aus den auf diese Weise ermittelten neuen Materialien Elektroden mit technisch interessanten Eigenschaften herstellen. Bild 3.4-5 zeigt die stationäre Stromspannungskurve einer bei Umgebungstemperatur arbeitenden Methanol/Luft-Brennstoffzelle. Die eingesetzte Methanolelektrode war vorher einem Dauertest von mehr als 3000 Stunden unterworfen worden.

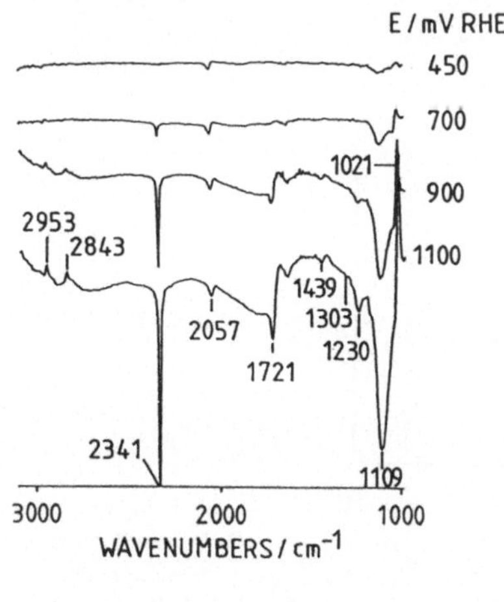

Bild 3.4-3: Dünnschicht-FTIR-Spektren von einer polierten Platinelektrode in 3M CH_3OH + 0.1 M $HClO_4$ bei verschiedenen anodischen Potentialen (2341 cm^{-1} CO_2, 2057 cm^{-1} CO, 1721 und 1230 cm^{-1} HCOOH bzw. CH_3COOH) [15]

109

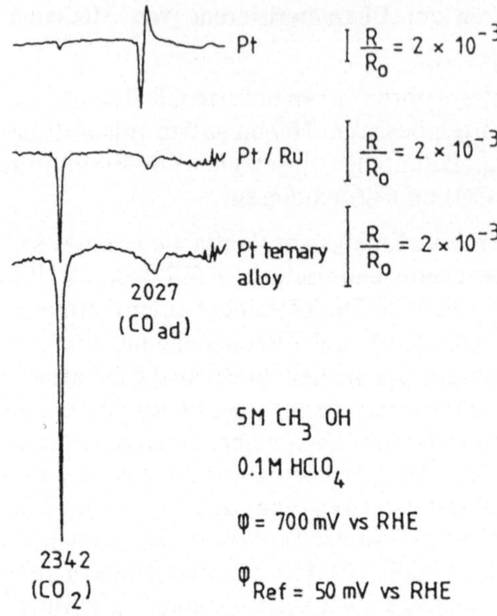

Bild 3.4-4: Dünnschicht-FTIR-Spektren von verschiedenen Platinkatalysatoren in 5M CH_3OH + 0.1M $HClO_4$ bei einem Potential von + 700 mV vs RHE

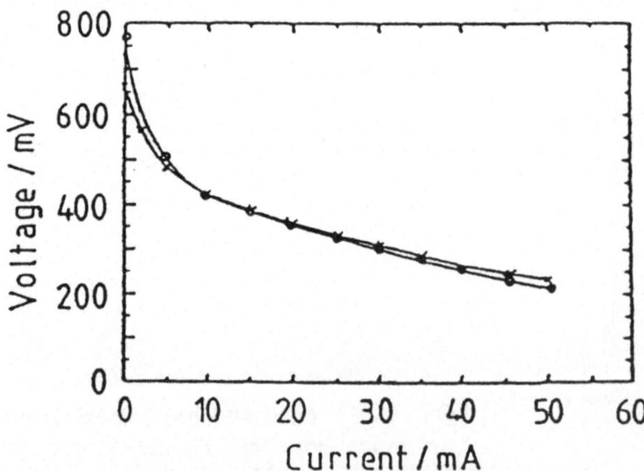

Bild 3.4-5: Stationäre Strom/-Spannungs-Kurven einer Methanol/Luftzelle 2M CH_3OH + 3N H_2SO_4, Umgebungstemperatur, Kathode 3 cm^2, Methanolanode 0,3 cm^2

110

3.4.4 Literatur

[1] *C.H. Hamann* und *W. Vielstich:* Elektrochemie II. Taschentext 42, Verlag Chemie, Weinheim, 1981

[2] *A. Winsel:* Galvanische Elemente. Brennstoffzellen in Ullmanns Encyklopädie der technischen Chemie. Verlag Chemie, Weinheim, 1981

[3] *C.H. Hamann, P. Schmöde:* J. Power Sources **1**, (1966) 141

[4] *W. Vielstich:* Fuel Cells. Wiley Interscience, New York, 1970

[5] *K.R. Williams:* Introduction to Fuel Cells. Elsevier, Amsterdam, 1966

[6] *J.N. Murray, P.G. Grimes:* Rept. Res. Div. Allis Chalmers. 1963

[7] *H. Spengler, G. Grüneberg:* DECHEMA-Monographien **38**, (1961) 579

[8] *St. Wilhelm, T. Iwasita, W. Vielstich:* J. Electroanal. Chem. **238**, (1987) 383

[9] *D.F.A. Koch:* Australisches Patent No. 46 123 vom 24.6.1964

[10] *K.J. Cathro:* J. Electrochem. Soc. **116**, (1969) 1608

[11] *M.M.P. Janssen, J. Moolhuysen:* Electrochim. Acta **21**, (1976) 861

[12] *Yu.B. Vassiliev, V.S. Bagotzky, N.V. Osetrova, A.A. Mikhailova:* J. Electroanal. Chem. **97**, (1979) 63

[13] *A. Katayama:* J. Phys. Chem. **84**, (1980) 376

[14] *M. Watanabe, S. Motoo:* J. Electroanal. Chem. **191**, (1985) 367

[15] *T. Iwasita, W. Vielstich:* J. Electroanal. Chem. **250**, (1988) 451

Für die Unterstützung der Arbeiten sei auch an dieser Stelle gedankt der Deutschen Forschungsgemeinschaft, der Europäischen Gemeinschaft sowie der Firma Siemens AG, Erlangen.

4 Hochtemperaturzellen der Karbonatschmelzen und oxidkeramischen Technik

4.1 Karbonatschmelzenbrennstoffzellen

Grundlagen, Technik, Entwicklungschancen

H. Wendt
Technische Hochschule Darmstadt / ZSW Stuttgart

Überblick

Karbonatschmelzenbrennstoffzellen sind in den 60er Jahren von Ketelaar und Broers zum ersten Mal erprobt worden. Ihre Entwicklung wurde aber erst in den späten 70er / frühen 80er Jahren zunächst in den USA, seit rund acht Jahren auch in Japan wieder aufgenommen. Der Elektrolyt ist eine Mischschmelze aus Li_2CO_3 und K_2CO_3 bzw. Li_2CO_3 und Na_2CO_3. Die Arbeitstemperatur wird mit 620 bis 660 °C angegeben.

Heute arbeiten in den USA besonders erfolgreich IFC (International Fuel Cell Corp.) und vor allem ERC (Energy Research Corp.) und in Japan Fuji Electric, Hitachi, Ishikawajima-Harima Heavy Industries und Mitsubishi El. Corp. an der Entwicklung. Dieser Zellentyp hat das Potential, bei einer Zellenspannung von rund 0,8 V (66 % Wirkungsgrad, UHW des Wasserstoffs; bzw. 70 % Wirkungsgrad, UHW des Methans bei 25 °C) Wasserstoff, Erdgas oder Kohlegas zu verstromen. Vorläufig kämpft man in der Entwicklung vor allem noch mit Materialproblemen, so daß man eine Entwicklungszeit bis zum Einsatz in Kraftwerken von 10 bis 15 Jahren veranschlagen muß.

Außer der mechanischen Festigkeit der hochporösen, metallischen Nikkelanode ist die chemische Beständigkeit der porösen Nickeloxidkathode unzureichend. Man hofft, die Karbonatschmelzen-Brennstoffzellen später in integrierten, größeren Kraftwerken einzusetzen, in denen die Hochtemperaturabwärme der Zelle und die Enthalpie des nur zu höchstens 80 % umgesetzten Brenngases zusätzlich in GuD-Prozessen zur Stromversorgung genutzt werden kann, so daß Systemwirkungsgrade für die Elektrizitätserzeugung aus Kohle von mehr als 50 % zu erwarten sind.

4.1.1 Die Zellenreaktion [1]

4.1.1.1 Die Bruttoreaktion

In der Alkalikarbonatschmelzen-Brennstoffzelle wird bei 660°C durch elektrochemisch geführte Verbrennung von Wasserstoff (Gl. 1) elektrische Energie und Hochtemperaturwärme erzeugt.

$$H_2 + \tfrac{1}{2} O_2 \rightarrow H_2O \tag{1a}$$
$$\Delta G^{\circ}_{930\,K} = -198{,}2 \text{ kJ/mol} \tag{1b}$$
$$\Delta H^{\circ}_{930\,K} = -247{,}4 \text{ kJ/mol} \tag{1c}$$

Maximal kann die freie Enthalpie der Reaktion in elektrische Energie umgewandelt werden, während die Differenz $(\Delta H - \Delta G) = -T \cdot \Delta S$ als Wärme bei der vorherrschenden Reaktionstemperatur freigesetzt wird. Die freie Standardenthalpie entspricht bei 930 K einer Gleichgewichtszellspannung von 1,027 V. Der Standardenthalpie, die in der Nähe des unteren Heizwertes von Wasserstoff bei Normalbedingungen (242 kJ/mol) liegt, entsprächen bei dieser Temperatur 1,28 V.

4.1.1.2 Die Elektrodenreaktionen

Anodisch wird der Wasserstoff (zu Protonen bzw. Wasser) oxidiert und kathodisch der Sauerstoff (zu O^{2-}-Ionen bzw. Karbonationen) reduziert. Das anodisch erzeugte Wasser verbleibt als Dampf im Anodengas. Die Natur der Schmelze – insbesondere die Abwesenheit von Protonen und das fast vollständige Fehlen von O^{2-}-Ionen in ihr – bedingt, daß an beiden Elektrodenreaktionen Karbonationen bzw. Kohlendioxid beteiligt sind, d. h. anodisch CO_2 freigesetzt und kathodisch CO_2 verbraucht wird.

Anodenreaktion:

$$H_2 + CO_3^{2-} - 2e^- \rightarrow H_2O + CO_2 \tag{2}$$

Kathodenreaktion:

$$\tfrac{1}{2} O_2 + CO_2 + 2e^- \rightarrow CO_3^{2-} \tag{3}$$

Dies ist eine Eigentümlichkeit der Karbonatzelle, daß ihr auf der Kathodenseite außer O_2 auch CO_2 zugeführt werden muß, das – aus dem Anodengas abgezweigt – zusammen mit Luft oder Sauerstoff in den Kathodenraum zurückgeführt wird (Bild 4.1-1). Aus diesem Grunde eignet sich die Karbonatschmelzenzelle besser zum Verstromen von CH_4 oder Kohlegas, aus denen durch Reformieren bzw. Konvertieren in situ Wasserstoff und H_2O gebildet wird, als zum Verstromen reinen Wasserstoffs. Gleichzeitig

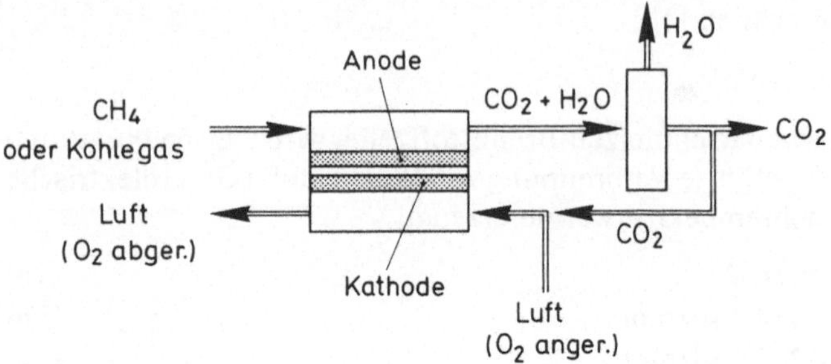

Bild 4.1-1: Schema der Gasprozeßtechnik der Karbonatschmelzen-Brennstoffzelle mit CO_2-Rückführung aus dem Anodengas in dem Kathodenraum

ist es aber ein praktischer und technischer Vorteil der Karbonatschmelzenzelle, daß sie anders als die alkalische Zelle CO_2-verträglich ist und auch Kohlenmonoxid ihren Betrieb in keiner Weise stört.

4.1.2 Die Zellkonfiguration [1-5]

Die Karbonatbrennstoffzelle ist in der Regel horizontal gelagert (Bild 4.1-2) und arbeitet mit einem in einer gleichzeitig hochporösen und feinporigen ($d_p < 1$ µm) Matrix fixierten Schmelzelektrolyten, der in der Regel aus den binären Alkalikarbonatschmelzen Li_2CO_3/K_2CO_3 (36/64) von Fall zu Fall aber auch aus Li_2CO_3/Na_2CO_3 oder der ternären Schmelze $Li_2CO_3/Na_2CO_3/K_2CO_3$ besteht. Die Matrix mit dem Elektrolyten ruht auf der porösen, nicht vollkommen von der Schmelze benetzten Nickelanode, in die der Elektrolyt nicht aufgesaugt, sondern bei korrekter Gradierung der Porosität und des mittleren Porenradius am „Durchlaufen" gehindert wird (Bild 4.1-3 a). Dadurch wird die für die Arbeitsweise von Gasdiffusionselektroden so wichtige Drei-Phasen-Grenze konstituiert.

Abgedeckt wird die Elektrolytenmatrix von der porösen, aus lithiiertem Nickeloxid bestehenden Sauerstoffkathode, die ihrerseits gut benetzt wird und daher dazu neigt, die Schmelze aufzusaugen (Bild 4.1-3 b). Wegen dieser für die anodische Elektrolytmatrix typischen Saugfähigkeit der Sauerstoffkathode muß für eine bimodale Verteilung der Porengröße gesorgt werden. Die Poren der Kathode müssen z. T. relativ groß ($d_p > 5$ µm) und das Elektrolytinventar der Gesamtstruktur aus Anoden, Matrix und Kathode begrenzt gehalten werden, damit ein Fluten der Kathode oder ein

114

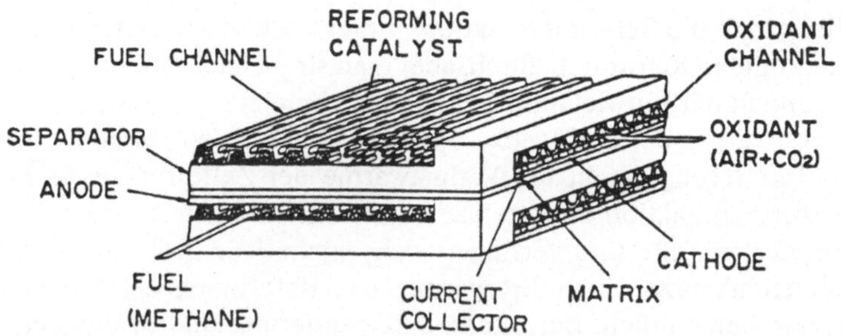

Bild 4.1-2: Schematischer Aufbau der Karbonatschmelzenbrennstoffzelle [4]

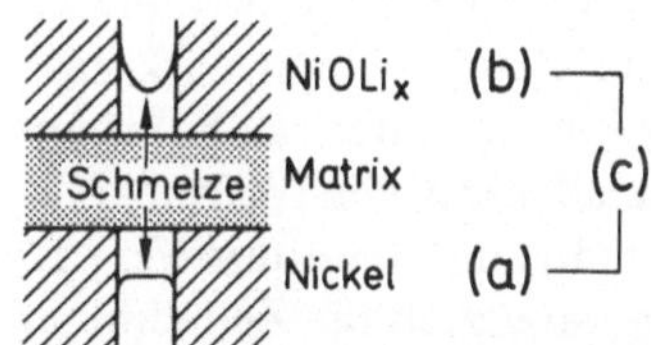

Bild 4.1-3: (a) Schematische Darstellung einer Anodenpore: Nickel wird durch die Schmelze schlechter als Nickeloxid benetzt; (b) die oxidische (NiOOH)-Pore wird gut benetzt. Sie darf nicht vollständig geflutet werden. (c) Die Gesamtmenge der Schmelze muß begrenzt bleiben, damit die Drei-Phasen-Grenze innerhalb der Elektroden gut definiert und fixiert bleibt.

Heraussaugen des Elektrolyten aus der Anode vermieden wird (Bild 4.1-3 a, b, c) und gleichzeitig die Grobporen der Kathode für die Zuführung der Verbrennungsluft geöffnet bleiben.

4.1.3 Gastechnik der Karbonatschmelzenbrennstoffzelle

Bei Verwendung von Erdgas als Energierohstoff ist es nötig, das Erdgas durch Dampfreformieren und Konvertieren in endothermer Reaktion weitgehend zu dem einzig in der Zelle verwertbaren Wasserstoff umzusetzen (Gln. 4 und 5).

Dampfreformieren:

$$CH_4 + H_2O = CO + 3H_2; \tag{4}$$

Konvertieren:

$$CO + H_2O = CO_2 + H_2; \tag{5}$$

$$\Delta H_{930\,K}\,(4 + 5) = + 164\ kJ/Formelumsatz \tag{6}$$

Bislang führt man die Reformierreaktion immer noch in getrennt von der Zelle angeordneten Reformern durch, aber man strebt nach einer internen Reformierung durch Entwicklung geeigneter schmelzenunempfindlicher Katalysatoren, die in der Zelle selbst untergebracht werden können. Eine interne Reformierung macht die Verlustwärme der Zelle für die endotherme Reformierreaktion unmittelbar nutzbar, hebt damit den Gesamtwirkungsgrad der Zelle und verringert den apparativen Aufwand einer Brennstoffzellenanlage durch Einsparung des Reformers, der Wärmetauscher usw. beträchtlich. Bei interner Reformierung und in der Zelle kurzgeschlossenem Energieausgleich wird die theoretische Zellspannung aus der Verbrennungsenthalpie des Methans berechnet, die mit − 803 kJ/ Mol eine Standardgleichgewichts-Zellspannung von rund 1.04 V ergibt. Damit erzielt man bei einer Zellspannung von z. B. 0,7 V einen Wirkungsgrad des in der Zelle umgesetzten Methans (meist nicht mehr als 80 % Umsatz) von rund 70 %. Ein solcher Wirkungsgrad kann von Wärmekraftmaschinen nicht erreicht werden. Verzichtet man auf die weitere Verwertung der 20 % des nicht umgesetzten Methans, so erzielt die Zelle immer noch einen Bruttowirkungsgrad von 0,7 · 0,8 = 56 %. Eine Zellspannung von 0,8 V würde entsprechend 62 % ergeben.

4.1.4 Stromspannungskurve und thermischer Wirkungsgrad

Bild 4.1-4a stellt eine typische Stromspannungskurve einer Karbonatschmelzenbrennstoffzelle dar. Die Kurve beginnt bei verschwindender Stromdichte mit einer Leerlaufspannung von fast 1.1 V und fällt als Folge eines relativ hohen internen Zellwiderstandes von mehr als 1 Ω cm^2 auf unter 0.8 V bei einer Stromdichte von 150 mA/cm^2. Das Bild 4.1-4b zeigt, wie für zwei unterschiedlich zusammengesetzte Anodengasgemische bei einer Stromdichte von 150 mA/cm^2 die Zellspannung vom Umsatzgrad abhängt. Oberhalb 70 % Umsatz (fuel utilisation) nimmt die Zellspannung rasch ab, so daß bei 80 % Umsatz nur noch etwa 0.7 V erreicht werden, was, wie oben demonstriert, einem Wirkungsgrad der Zelle von 56 % entspräche.

Man strebt heute einen Arbeitspunkt von etwa 0.8 V bei 0.15 A/cm^2 an. Damit wird ein elektrischer Wirkungsgrad von rund 62 % bezogen auf den unteren Heizwert des Erdgases (bei einer Arbeitstemperatur von 660 °C) für den umgesetzten Gases erreicht.

Kann der Wasserstoff in der Zelle selbst durch innere Reformierung aus Methan gewonnen werden, so daß die Verlustwärme der Zelle direkt in die

116

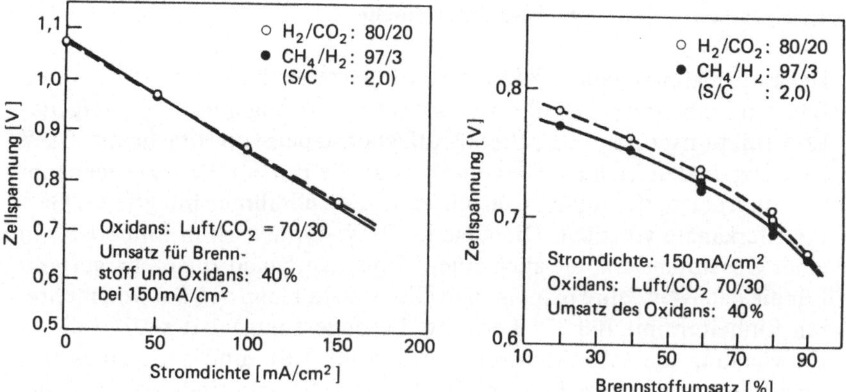

Bild 4.1-4: Typische Stromspannungskurve einer Karbonatschmelzenbrennstoffzelle [4]

Reformierreaktion eingekoppelt wird, so kann man den Wirkungsgrad bei Ausschluß sonstiger Verluste auf rund 75% (OHW des in der Zelle elektrochemisch umgesetzten Methans) anheben. Bezieht man den Wirkungsgrad auf das eingesetzte Methan, so erhält man bei Wärmeintegration durch innere Reformierung immerhin noch die oben berechneten 62%.

Da aber ein 80%iger Umsatz in der Zelle kaum überschritten werden dürfte, beabsichtigt man beim Einsatz von Karbonatschmelzenbrennstoffzellen in großen Kraftwerken, diese mit nachgeschalteten GuD-Anlagen zu verbinden, in denen außer der Hochtemperaturabwärme der Zelle zusätzlich die im Anodengas enthaltene chemische Restenthalpie zur weiteren Elektrizitätserzeugung genutzt werden kann. Mit einem Wirkungsgrad von mindestens 30% für den GuD-Prozeß könnte man den Wirkungsgrad um rund 10% verbessern, so daß unter Berücksichtigung von Verlusten und Eigenbedarf für Kompressoren und Pumpen ein Systemwirkungsgrad von 62 bis 65% für die Methanverstromung erreicht werden kann. Vorläufig rechnet man konservativ mit rund 60% Gesamtwirkungsgrad. Für die Kohleverstromung ergeben ähnliche Rechnungen unter Berücksichtigung sämtlicher Systemkomponenten wie Vergaser, Kohlegasreinigung usw. und sämtlicher Verluste Systemwirkungsgrade von mehr als 50% [6, 7]. Eine Rezirkulation des unverbrauchten Brennstoff ist denkbar und ermöglicht vergleichbare Wirkungsgrade.

4.1.5 Herstelltechnik und Materialprobleme

Der Entwicklungsstand der Karbonatschmelzentechnik erlaubt heute den
Bau von Einheiten bis zu 10 kW elektrischer Leistung. Bild 4.1-5 a zeigt das
Konstruktionsprinzip eines Brennstoffzellenstapels von Hitachi mit 10 kW
Leistung, in dem sich die Gasverteilung an die Einzelzellen im sogenannten „internal manifolding", d. h. mittels in die Zellrahmen integrierter Gas-
verteilerkanäle vollzieht. Die gleiche 10-kW-Einheit ist in Bild 4.1-5 b in
einer Gesamtansicht, die auch einen Größenvergleich zuläßt, dargestellt.
Für die nächsten Jahre plant man in USA und in Japan den Bau von mehreren Einheiten mit 100 kW Leistung. Besonders engagiert sind in dieser
Entwicklung die US-amerikanischen Firmen ERC und neuerdings IFC
sowie die japanischen Firmen Fuji Electric, Hitachi und Ishikawajima-
Harima Heavy Industries. In Europa sind in den letzten beiden Jahren
holländische und italienische Firmen in wechselnden Gruppierungen tätig
geworden (Holland: Energieforschungsanlage Petten/Hogovens; Italien:
vor allem Ansaldo). Trotz dieser mannigfachen Anstrengungen ist man
noch relativ weit von der Technikreife der Karbonatschmelzenbrennstoffzelle entfernt.

Die Produktionstechnik für die Herstellung der Einzelteile eines Brennstoffzellenstapels (Bild 4.1-5) ist bereits relativ fortgeschritten. Die Elektrolytmatrix – bestehend aus sehr feinkörnigem Lithiumaluminat – wird
im Folienziehverfahren als „grünes" Vorprodukt aus einem Schlicker, der
einen organischen Binder, z. B. Polyvinylalkohol, enthält, hergestellt und
in der Zelle selbst endformiert. Die Anoden-(poröses Nickel) und Katho-
den-(poröses lithiiertes Nickeloxid) Strukturen stellt man entweder gleichfalls im Folienziehverfahren oder in einer Art Drucksinterverfahren aus
Nickelpulver her. Die metallischen Teile des Zellkörpers, d. h. die Metall-
schalen, die die bipolare Platte und die Zellrahmen umfassen, werden zum
größten Teil aus nickelplattierten Edelstahlblechen im Tiefziehverfahren
hergestellt.

Bei der Vorbereitung der Pulver für Elektroden und Elektrolytmatrix, die
mit organischem Binder mit Wasser oder einem organischen Lösungsmit-
tel angepastet und mittels Doktor-blade-Verfahren dann zu Folien gezogen werden, muß eine optimierte Granulometrie genauestens eingehalten
werden. Nur hierdurch kann die Endstruktur der Zellenkomponenten definiert und reproduziert werden. Bild 4.1-6 zeigt für Anode, Kathode und
Matrixpulver die optimale Partikelradienverteilung [8]. Bild 4.1-7 a zeigt

118

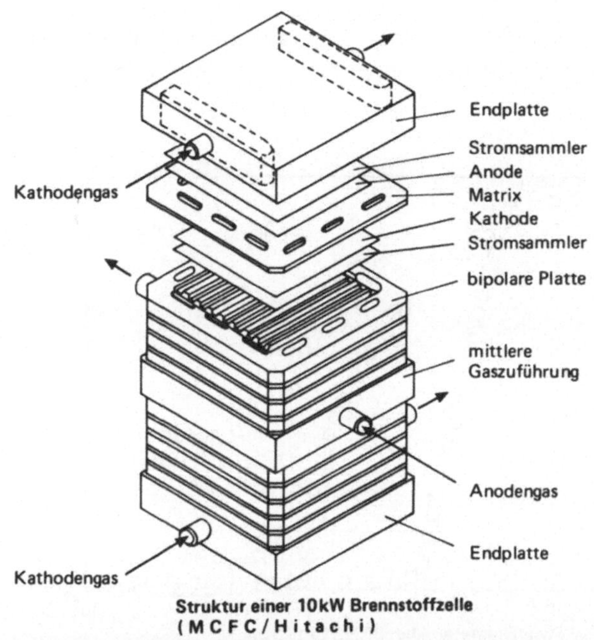

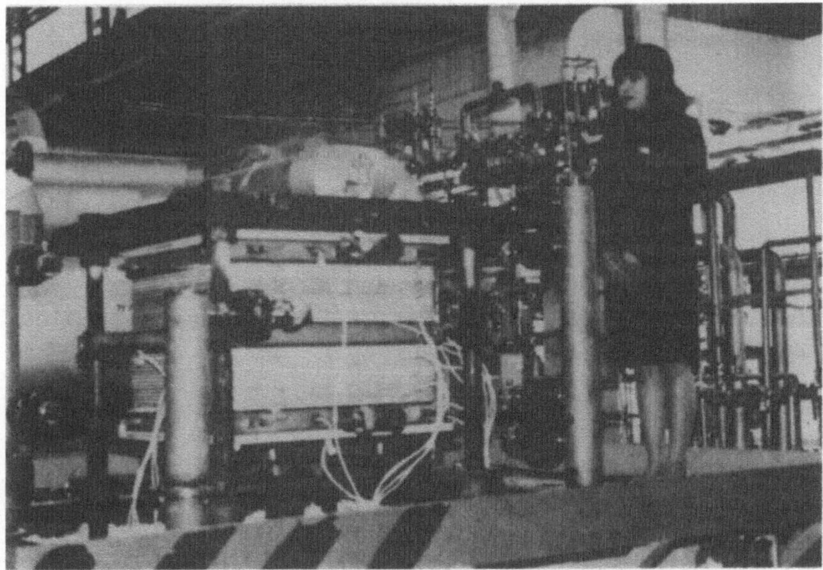

Bild 4.1-5: Brennstoffzellenstapel (a) Innen-, (b) Außenansicht [5]

das rastermikroskopische Bild einer Sinteranode, und Bild 4.1-7b gibt einen Eindruck von der Struktur einer formierten Kathode.

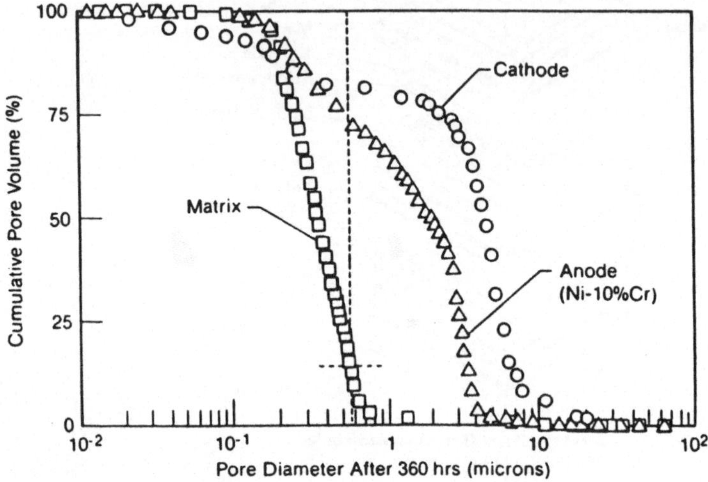

Bild 4.1-6: Typische Porengrößenverteilung in Anode, Matrix und Kathode einer Karbonatschmelzenzelle [8]

Wie in Bild 4.1-2 dargestellt, baut man die Zelle aus den Rahmen und den zwischen je zwei Rahmen angeordneten Flachteilen – nämlich den Elektroden (oder Elektrodenfolien) – sowie der dazwischengelagerten Matrixfolie zusammen.

Durch geregeltes, sehr vorsichtiges Anheizen des gesamten Zellstapels werden die organischen Bilder der Folien verdampft, dann wird das Salz in die Matrix als Schmelze eingetragen und schließlich werden die Elektroden unter Zutritt der Arbeitsgase sorgfältig formiert. Beim Formierungsprozeß wird z. B. an der Kathode aus metallischem Nickel lithiiertes Nikkeloxid gebildet, und die Anode durchläuft einen Sinterprozeß, der die notwendige hohe Leitfähigkeit der Nickelmatrix herstellt. Damit ist die

120

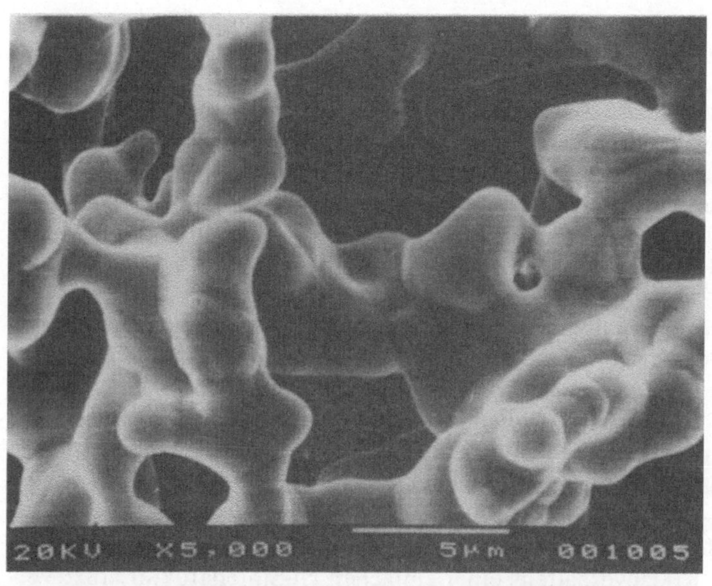

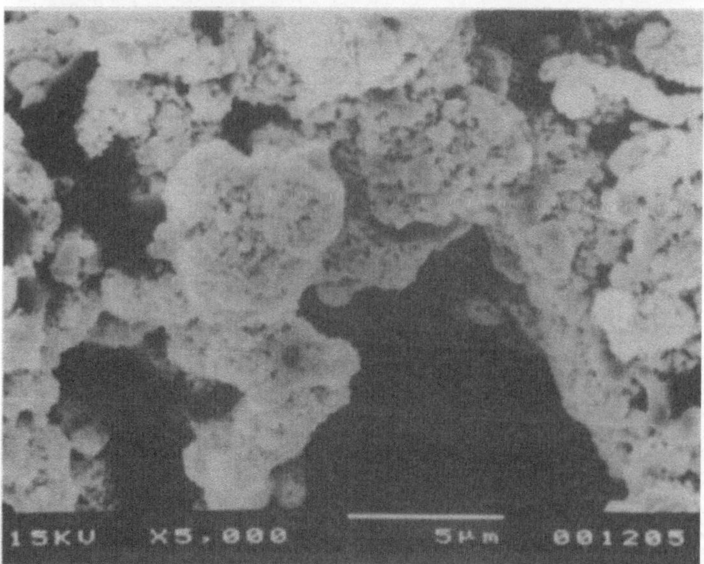

Bild 4.1-7: (a) Mikrostruktur der Nickelanode, (b) Mikrostruktur der formierten
Nickeloxidkathode

Zelle, die übrigens auch im stromlosen Zustand ständig auf Temperatur gehalten werden muß, arbeitsbereit.

Die Standzeiten der Zellen lassen noch erheblich zu wünschen übrig. Vereinzelt wurden Standzeiten bis zu 40 000 Betriebsstunden realisiert, wobei für den technischen Betrieb 50 000 Betriebsstunden gefordert werden müssen. Typischerweise werden heute aber im statistischen Mittel Standzeiten von 10 000 h bei Stromdichten von 0,15 A/cm^2 und Zellspannungen von 0,7 V (Ziel 0,8 V) noch nicht nennenswert überschritten.

Das Altern der metallischen Anoden beruht hauptsächlich auf einer Formveränderung der porösen Nickelmatrix durch Kriechen und auf Kornvergröberung der Matrix durch Rekristallisation. Man glaubt, daß man das Altern weitgehend beherrschen kann durch Verwendung von dispersionsgehärteten Strukturen. So mischt man Nickelpulver mit z. B. Ni/NiCr-Pulver. Die beim Anfahren der Anode gebildeten, sehr fein verteilten Ausscheidungen von Chromoxid härten die Anodenstruktur und verbessern gleichzeitig das Kriechverhalten in der Matrix. Bild 4.1-8 zeigt einen Vergleich des Kriechverhaltens einer einfachen Ni-Sinterstruktur (18 % Verformung) und einer Cr_2O_3-dispersionsgehärteten Struktur (0,5 %) [8].

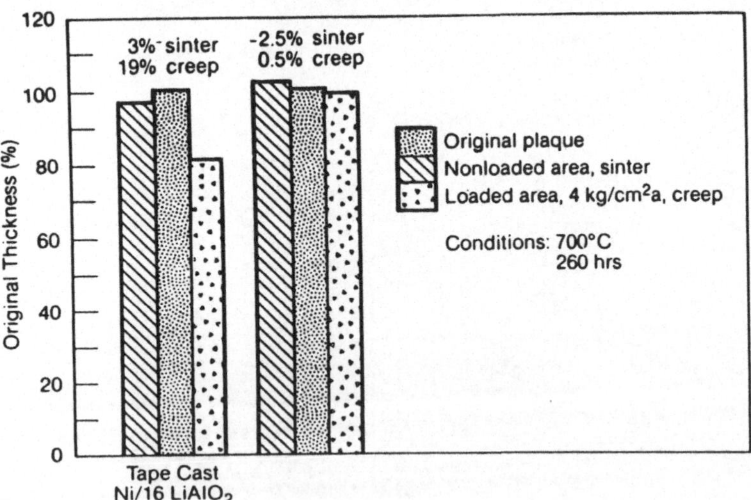

Bild 4.1-8: Vergleich des Kriechverhaltens einer Weichnickel- und einer dispersionsgehärteten Nickelanode [8]

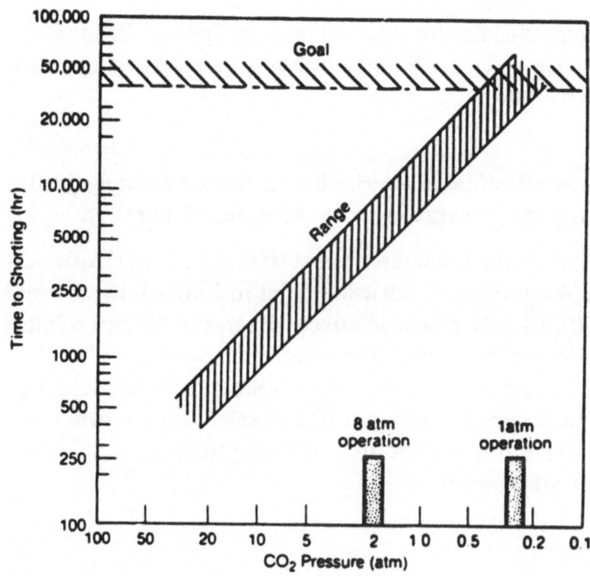

Bild 4.1-9: Abhängigkeit der Lebensdauer von Nickeloxidkathoden vom CO_2-Partialdruck [8]

Die Löslichkeit der Nickeloxid-Kathode wird erheblich durch den CO_2-Partialdruck im Kathodengas beeinflußt. Gleichungen (7) und (8) sowie Bild 4.1-9 verdeutlichen, wie infolge der sauren Auflösung des Nickeloxids

$$NiO + CO_2 \rightarrow Ni^{2+} + CO_3^{2-} \tag{7}$$

und der gleichzeitigen reduktiven Ausfällung von metallischem Nickel

$$NiCO_3 + H_2 \rightarrow Ni + H_2O + CO_2 \tag{8}$$

in der Nähe der Kathode mit zunehmendem CO_2-Partialdruck die Zeiten, die bis zur Ausbildung eines metallischen Kurzschlusses zwischen Anode und Kathode verstreichen, drastisch sinken. Wenn man Betriebszeiten von rund 50 000 Stunden erzielen will, muß man daher CO_2-Partialdrücke von weniger als 0,2 bar einstellen. Ein möglicher Ausweg läge in der Auswahl neuer Kathodenmaterialien.

Es muß ganz offensichtlich noch sehr vieles an Materialentwicklung und - verbesserung geleistet werden. Daher ist es wichtig, derartige Entwicklungen langfristig anzulegen und nicht den Atem zu verlieren. Die hohen

thermischen Wirkungsgrade, auf die man bei diesem Typ von Brennstoffzellen hoffen darf, rechtfertigen auch einen hohen personellen und finan-
ziellen Entwicklungsaufwand.

4.1.6 Integrierte Brennstoffzellenkraftwerke hohen Systemwirkungsgrades als Beitrag zur Energieversorgung in der nächsten Generation

Die Integration von Karbonatschmelzenbrennstoffzellen in ein Großkraft-
werk, das Kohle als Energierohstoff verwendet, ist in Bild 4.1-10 schematisch dargestellt, und Bild 4.1-11 gibt das Senkey-Diagramm für ein solches
Kraftwerk von 100 MW Leistung an. Wie ersichtlich, werden 53 % Wirkungsgrad für die elektrische Stromerzeugung aus Steinkohle erreicht, wobei rund 70 % des Stroms von der Brennstoffzelle selbst und je rund 10 %
vom Expander nach der Reinigungsstufe, der Dampfturbine sowie dem
Endexpander geliefert werden [9].

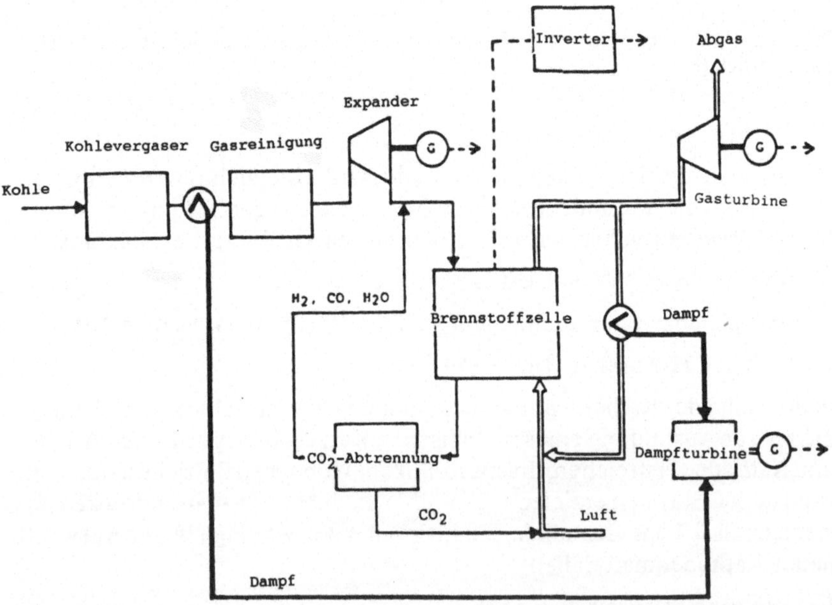

Bild 4.1-10: Fließbild eines integrierten Karbonatschmelzen-Brennstoffzellenkraft-
werkes [7]

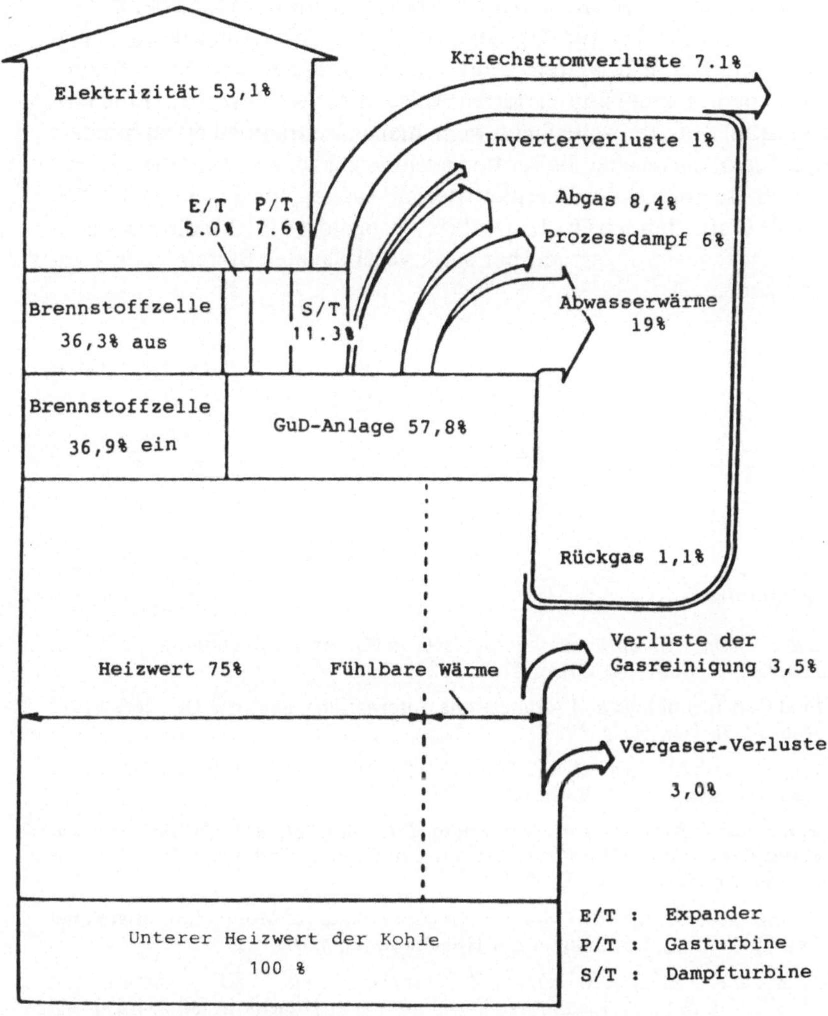

Bild 4.1-11: Senkey-Diagramm eines integrierten Karbonatschmelzen-Brennstoff-zellenkraftwerks [7]

4.1.7 Ausblick

Es ist vorstellbar, daß bei einem Erfolg dieses Kraftwerkstyps schließlich sogar Systemwirkungsgrade bis zu 60 % für die Kohleverstromung erreicht werden können. Wir rechnen heute mit einer Entwicklungszeit der Karbonatschmelzenzelle bis zur Eignung für MW-BHKW-Anlagen von etwa zehn Jahren. Es dürfte weitere zehn Jahre dauern, bis man diesen Brennstoffzellentyp in großen integrierten Anlagen zur Kohleverstromung einsetzen kann. Auf sehr weite Sicht, wenn man in Zeiträumen bis zu hundert Jahren denkt, dürfte aber die Karbonatschmelzenzelle nur vorübergehend eine wichtige Rolle in der Energiewirtschaft spielen, bis sie von der bei 900 bis 1 000 °C arbeitenden Oxidkeramikzelle abgelöst wird, für die man noch höhere Systemwirkungsgrade bei stark vereinfachter Systemtechnik erwarten kann.

4.1.8 Literatur

[1] *J. R. Selman, L. G. Marianowski:* Fuel Cells in Molten Salt Technology. (ed. *D. G. Lovering*) Plenum Press, New York, 1982

[2] Fuel Cell Technology and Applications, International Seminar, Oct. 26/29 1987 (ed. *PEO*), Den Haag, 1987

[3] Program and Abstracts of Natl. Fuel Cell Seminar, Long Beach Oct. 23/26 1988 (ed. *Courtesy Assoc.*) Washington, 1988

[4] *K. Kishida, E. Nishiyama, M. Matsumura, T. Tanaka, S. Kaneko, Y. Mori, S. Nakagawa:* Evaluation of Internal-Reforming in Molten Carbonate Fuel Cell for On-Site Application. in [2], 40/49

[5] *K. Ohtsuka, T. Kahara, R. Oshima, S. Akimaru:* Status of Molten Carbonate Fuel Cell Technology Development at Hitachi. in [2], 51/60

[6] *K. Ohtsuka, T. Kahara, R. Oshima, M. Takeuchi, Y. Fukui, N. Kobayashi:* Status of MCFC Cell & Stack Technology Development at Hitachi. in [3], 394/397

[7] *T. Tanaka, N. Horiuchi, H. Kaminosono:* Development of Molten Carbonate Fuel Cells at CRIEPI. in [2], 67/74

[8] *A. J. Appleby, G. J. Richter, J. R. Selman, A. Winsel:* Conversion of Hydrogen in Fuel Cells. pp. 373/493. In Electrochemical Hydrogen Technologies. (ed. *H. Wendt*) Elsevier, Amsterdam, 1990

[9] *L. Christner, L. Paetsch, P. Patel, M. Farooque:* Scale up of Internal-Reforming Molten Carbonate Fuel Cells. in [3], 403/405

4.2 Zielsetzung und Stand der Karbonatzellenentwicklung in Holland und Italien

E. Barendrecht
Technische Universität Eindhoven

4.2.1 Die Karbonatbrennstoffzellenentwicklung in Holland [1]

In den fünfziger Jahren konnten Broers und Ketelaar als erste zeigen, daß das Prinzip der Karbonatschmelzenzelle technisch machbar ist. Die Arbeiten wurden Ende der sechziger Jahre unterbrochen, und in den Niederlanden ist man erst wieder seit 1986 auf diesem Gebiet tätig. Seit Mai 1989 wird – gestützt auf die Empfehlungen einer Regierungskommission (Vorsitzender: Prof. E. Barendrecht) – ein großzügiges Forschungs- und Entwicklungsprogramm durchgeführt. Obwohl der finanzielle Rahmen dieses Programms mit rund 20 Millionen Gulden einigermaßen bescheiden war, ist es sicher, daß durch dieses Programm ein solides Fundament für eine weitere industrielle Entwicklung der Karbonatbrennstoffzellen gelegt worden ist. Kommerzielles Interesse ist jedenfalls vorhanden.

4.2.1.1 Das Forschungs- und Entwicklungsprogramm

Im Mai 1986 begann die Arbeit an den Karbonatbrennstoffzellen im niederländischen Zentrum für Energieforschung (ECN). Das ECN war Hauptkontraktor und Projektführer für das nationale Forschungs- und Entwicklungsprogramm. Dieses Programm konzentrierte sich allein auf Karbonatschmelzenzellen und verfügte mit fünf Millionen US-Dollar Regierungsgeldern, vier Millionen US-Dollar von ECN sowie 0,6 Millionen US-Dollar der EG über rund 20 Millionen Gulden. Nachdem es sich als unmöglich erwies, an der Technischen Universität von Eindhoven bei Prof. Barendrecht die Grundlagenuntersuchungen durchzuführen, konnte dieser Teil des Programms schließlich an die Technische Universität Delft (Prof. Dr. J. H. W. de Wit) übertragen werden.

Als Projektziele wurden formuliert:

- Erwerb des nötigen technischen Know-how und der Kenntnisse auf dem Materialgebiet

- Leistung eines wesentlichen Beitrags zur internationalen Entwicklung auf dem Gebiet der Karbonatschmelzenzelle

– Schaffung einer Basis für die holländische Industrie, sich aktiv an der Entwicklung und der Kommerzialisierung von Karbonatschmelzenzellen zu beteiligen.

Besonderer Wert wurde darauf gelegt, daß klar umrissene Einzelaufgaben definiert wurden und für Wege des entsprechenden Technologietransfers gesorgt war. Im einzelnen befaßt sich das Projekt mit Grundlagenuntersuchungen zu den beiden Elektrodenreaktionen der Karbonatschmelzenzelle, Untersuchungen zur Synthese neuer Elektrodenmaterialien und Verbesserung ihrer Eigenschaften, Entwicklung von Spezialwerkstoffen für metallische Komponenten der Zelle, insbesondere der bipolaren Platte, Entwicklung von pulvertechnologischen Arbeitsschritten zur Herstellung poröser Zellkomponenten, Kurz- und Langzeittests der unterschiedlichen Komponenten in Größen von 3, 100 und 900 cm^2, und schließlich Entwicklung und Bau eines kleinen Zellstapels bis zum Ende der ersten Phase des Programms. Schließlich sollten die wesentlich materialtechnisch ausgerichteten Arbeiten unterstützt werden durch Versuche zur Modellierung von Brennstoffzellenelektroden und Brennstoffzellensystemen.

4.2.1.2 Stand der Forschungs- und Entwicklungsarbeiten

Im Seminar „Fuel Cell Technology and Applications" in Den Haag im Herbst 1987 ist in sieben Beiträgen über die einzelnen Arbeiten und Ergebnisse berichtet worden. Nach Verlauf von drei Projektjahren – damit ist die erste Phase des Projektes abgeschlossen – kann man feststellen, daß im großen und ganzen die Projektziele erreicht worden sind. Um einige Beispiele zu nennen:

– Es wurden die notwendigen Kenntnisse über Materialeigenschaften, Herstelltechniken, konstruktive Merkmale von Einzelkomponenten und der Gesamtzelle erarbeitet.

– Die Folienziehtechnik und damit zusammenhängende Pulver- und Pastentechnologie sowie Trocknungs- und Sinterprozeduren sind bei ECN bis zu dem Grad entwickelt worden, der es ermöglicht, Einzelkomponenten wie Matrix und dergl. in Routineverfahren herzustellen.

– Diese Komponenten arbeiten mit Leistungsdaten, die vergleichbar oder besser als Werte sind, die man in der Literatur findet.

– Zusätzlich zu den umfangreichen Grundlagenuntersuchungen und Materialentwicklungen hat man eine Vielzahl von Testständen unterschiedlicher Flächengröße aufgebaut, die es erlauben, Langzeituntersuchungen von Karbonatschmelzenzellen durchzuführen. Die Zellen sind vollautomatisiert und eignen sich für den unbeaufsichtigten Routinebetrieb. Man hat bereits jetzt Zellenlaufzeiten von 7000 Stunden erreicht, wobei die Zellengröße heute etwa 100 cm^2 beträgt.

- Man hat Korrosionsteststände aufgebaut, die es gestatten, unter Simulation der Zellenbedingungen das Korrosionsverhalten von Stählen und anderen Materialien in Langzeituntersuchungen zu testen.

- Man ist dabei, mit Rechenmodellen die wesentlichen Parameter der Zelle bzw. Einzelkomponenten, insbesondere der Elektroden, nachzubilden und eine entsprechende Sensitivitätsanalyse bezüglich des Zellwirkungsgrades durchzuführen.

- In der Entwicklung der Zellenstapel ist man so schnell vorangekommen, daß man bereits heute einen Stapel mit zehn Zellen aufzubauen vermag, der Ende 1989 in Betrieb ging.

Der schnelle Fortschritt von Forschung und Entwicklung bei ECN ist nicht zum wenigsten darauf zurückzuführen, daß man von Anfang an eng mit dem Institute of Gas Technology in Chicago zusammengearbeitet hat, auf dessen Kenntnissen man aufbaute.

Die enge Zusammenarbeit mit der Gruppe von Professor de Wit an der Technischen Universität Delft hat gleichfalls zur erheblichen Vertiefung des Kenntnisstandes auf dem Gebiet der Karbonatbrennstoffzelle geführt. Man benutzt in Delft z. B. Impedanzspektroskopie und andere fortgeschrittene analytische Techniken.

4.2.1.3 Stand der Arbeiten am 1. März 1989

- Die 1000-cm^2-Zelle wurde ohne Unterbrechung mit einer Stromdichte von 150 mA cm^{-2} über mehr als tausend Stunden betrieben, wobei man Zellspannungen von 775 mV bei einer 75 %igen Ausnutzung des Brenngases messen konnte.

- Der Zellenstapel soll in Kürze in Gang gesetzt werden und Anfang April 1989 will man mit dem 1-kW-Stapel in Betrieb gehen.

- In Laborzellen arbeitet man jetzt bei 160 mA cm^{-2} und 935 mV.

4.2.1.4 Weitere Pläne für das Forschungs- und Entwicklungsprogramm

Die erste Phase des Gesamtprogramms endete Mitte 1989. Es ist jedoch heute schon klar, daß das Programm fortgeführt werden wird und fortgeführt werden muß, wenn man zu einem neuen Produkt gelangen will. Es ist ebenso deutlich, daß auch in Zukunft der Schwerpunkt bei materialwissenschaftlichen und materialtechnischen Arbeiten liegen wird und es kann nicht ausgeschlossen werden, daß in Einzelfällen, z. B. bei der Weiterentwicklung der Kathode oder bei der Auswahl des Stahls für die bipolare Platte ganz neue Materialien entwickelt werden müssen. Hauptsächlich werden sich die Arbeiten konzentrieren auf das Problem der Kathodenlöslichkeit, der mechanischen Stabilität der Anode, auf die Hochtemperaturkorrosion der bipolaren Platte, die Regulierung des Elektrolytinventars sowie die interne Reformierung.

4.2.2 Die Entwicklung der Karbonatschmelzenbrennstoffzelle in Italien [2]

4.2.2.1 Einführung

Die ersten Untersuchungen an der Karbonatschmelzenbrennstoffzelle wurden bei ANSALDO im Jahre 1979 durchgeführt. Seit 1982 beteiligt sich ENEA an diesen Untersuchungen. Beide Institutionen/Firmen unterstützen sich gegenseitig. 1983 wurde von CNR (Nationaler Forschungsrat) und ENEA ein Energieforschungsprogramm definiert (PFE-2).

In diesem Rahmen wurde ein nationales Brennstoffzellenprogramm, Progetto Volta, in Gang gesetzt, in dessen Rahmen heute mehrere industrielle und staatliche Laboratorien zusammenarbeiten. Es folgt eine Zusammenfassung der Hauptresultate, die man auf dem Gebiet der Karbonatschmelzenbrennstoffzelle verzeichnet.

4.2.2.2 Erreichter Stand innerhalb des Forschungs- und Entwicklungsprogramms in Italien

Im Jahre 1979 wurden im Laboratorium für Energie und Elektrochemie bei ANSALDO/Genua fünf Karbonatschmelzenbrennstoffzellen, die gesondert betrieben wurden und 20 cm^2 Elektrodenfläche besaßen, aufgebaut, die Anoden bestanden aus Nickel-Chrom-Legierungen und die Kathoden aus Nickel-Silber. Man stellte die Elektroden durch Kaltwalzen und Sintern her, während die Matrix durch Heißpressen einer Mischung des

Lithiumaluminats mit der eutektischen Lithium-Kalium-Karbonat-schmelze gewonnen wurde. Die besten Zelldaten lauten: 0,76 V bei 160 mA cm^{-2}.

Verbesserungen wurden erzielt durch Veränderung der Matrix, durch Benutzung von vorlithiiertem Nickeloxid für die Kathode und durch Anwendung einer Aluminiumbeschichtung im Bereich der nassen Dichtung. Damit ging man in Lebensdauertests, die mit 0,8 V bei 160 mA cm^{-2} begannen und nach 1 800 Stunden beendet wurden, nachdem man mit einer Leistungsdichte von 80 mW/cm^2 bei 0,75 V angelangt war. Die Fortsetzung der Arbeit konzentriert sich heute auf die Entwicklung des Folienziehverfahrens für die Herstellung der Matrix:

- die Einführung und Anwendung einer Gas-Stop-Schicht an der Anode
- die Verbesserung der vorlithiierten Kathode und der aluminierten nassen Dichtung
- auf eine Vergrößerung der Zellenfläche auf 100 x 100 cm^2.

Die Arbeiten bei ENEA (Abteilung für Chemie des TIB Department in Casacia in Rom) befassen sich mit Grundlagenuntersuchungen und der Charakterisierung und Fabrikation von bimodalen porösen Matrices. Bei ENEA und ANSALDO hat man Einzelzellen unter extremen Bedingungen betrieben. Heute wendet man sich vor allen Dingen der Technik des Folienziehens und des Slip-Casting zu (in Zusammenarbeit mit den Laboratorien von CNR in Faenze). Aber auch neue Kathodenmaterialien (z. B. LiMnO$_2$) werden untersucht, insbesondere mit der Impedanzspektroskopie.

In der Abteilung für angewandte physikalische Chemie im Politecnico Milano ging man von Erfahrungen aus, die man mit der Anwendung von elektrokatalytischen Materialien in Form von katalytisch aktiven Deckschichten gewonnen hatte und bemühte sich, auf diese Weise Kathoden- und Anodenmaterialien katalytisch zu aktivieren. Außerdem untersuchte man die Korrosionsmechanismen von Stählen in Karbonatschmelzen unter Bedingungen, die die Zellbedingungen simulieren. Der Zusammenhang zwischen der porösen Struktur der Elektroden und ihrer Leistungsdaten wird untersucht und man beschäftigt sich zudem mit dem Auflösungsmechanismus von Nickeloxid in der Karbonatschmelze.

Bei CISE in Mailand hat man sich gleichfalls mit der Auflösung des Nickeloxids in der Karbonatschmelze befaßt:

- Man hat versucht, durch die Präparationsmethoden die Löslichkeit zu verändern.

– Man hat die Methode der Langzeituntersuchung von Nickeloxidkathoden in Halbzellen ausgearbeitet.

– Man hat sich mit dem Mechanismus der Auflösung unter Betriebsbedingungen und Vorgabe unterschiedlicher Gaszusammensetzungen befaßt.

Die Aktivitäten von CNR-IRTEC in Faenze konzentrierten sich auf die Herstelltechnik für die Matrix, die bereits für halbindustrielle Massenproduktion entwickelt ist, wobei gleichzeitig die mikroskopische Struktur der Matrix untersucht und weiterentwickelt worden ist. Man konzentrierte sich dabei auf folgende Probleme:

– Herstellung und Charakterisierung unterschiedlicher Pulvermischungen von $LiAlO_2$, Definition optimaler Korngrößenverteilungen

– Verarbeitungsmethoden (Kalandrieren, Folienziehen)

– Definition der optimalen Bedingung für das Ausdampfen des Binders

– Optimalisierung von Sinterbedingungen für metallische Komponenten wie Anoden und Kathoden

– Definition optimaler Mikrostruktur und Texturcharakterisierung für Anoden und Kathoden vor und nach dem Sinterprozeß.

1983 begann man bei CNR-ITAE in Messina mit der Arbeit an der Karbonatbrennstoffzelle, nachdem man aus Chicago vom IGT mit Anoden, Kathoden und Elektrolytmatrix versorgt worden war. Mit Hilfe von IGT wurden auch die Testzellen aufgebaut, in denen man bisher akkumuliert mehr als 15000 Dauerstunden gefahren hat. Benutzt wird ein Standardbrenngas (60% H_2, 40% CO_2 sowie an der Kathode 25% CO_2, der Rest ist Luft), wobei man darauf verzichtet hat, Karbonatschmelze nachzufüllen. Eine Untersuchung des Zellenverhaltens bei unterschiedlichen Temperaturen ergab, daß die Zellkomponenten deutlich stabiler werden, wenn die Temperaturen gesenkt werden. So fällt die Zelleistung auf 90% ihres ursprünglichen Wertes bei 923 K innerhalb von 2200 Stunden ab, bei 893 K im Laufe von 4400 und bei 873 K im Laufe von 6400 Stunden. Allerdings wird diese Verbesserung im Zeitstandverhalten durch entsprechende Verschlechterung der Leistung kompensiert. Die Leistungsverschlechterung wird im wesentlichen durch einen Verlust des Elektrolytinventars begründet.

Bei CNR-ITAE hat man sich mit dem Problem der internen Reformierung und der Entwicklung eines dafür geeigneten Katalysators befaßt. Besonders bemerkenswert in diesem Zusammenhang ist die Entwicklung eines Katalysatorträgers, der wenig von der Schmelze benetzt wird (MgO).

4.2.2.3 Aussichten der weiteren Entwicklung in Italien

Das erklärte Ziel des Programms ist es, durch gemeinsame Arbeit mit industriellen Partnern schließlich zu einem industriellen Produkt zu kommen. Man verhandelt mit amerikanischen Firmen und versucht, durch entsprechende Vereinbarungen eine gemeinsame Entwicklung zu begründen.

4.2.3 Literatur

[1] *Drs. K. Joon:* Netherlands Energy Research Foundation (ECN), P.O. Box 1, NL-1755 ZG Petten, The Netherlands

[2] *Dr. R. Vellone:* ENEA (Energia Nucleare e Energie Alternative) Via Anguillarese 301, P.O. Box N. 2400, I-00100 Roma-A.D., Italia

4.3 Oxidkeramische Brennstoffzelle

Prinzip, Entwicklungsstand und Marktmöglichkeiten

W. Dönitz, E. Erdle, R. Streicher[1]
Dornier GmbH, Friedrichshafen
[1] Lurgi GmbH, Frankfurt/M.

4.3.1 Einleitung

Die direkte, elektrochemische Konversion von Brennstoffen in elektrische Energie mit Hilfe von Brennstoffzellen kann aufgrund ihrer inhärenten Vorteile ein neues Element für eine zukünftige rationellere und umweltfreundlichere Energietechnik werden. Voraussetzung für einen nennenswerten Beitrag zur Energieversorgung in unserer näheren Zukunft ist allerdings, daß Techniken entwickelt werden, die für die heute dominierenden fossilen Energieträger einsetzbar sind.

Die oxidkeramische Brennstoffzelle, die mit stabilisiertem ZrO_2 als Feststoffelektrolyt (O^{2-}-Ionenleiter) bei hohen Temperaturen (800 bis 1 000 °C) arbeitet und deshalb auch Hochtemperatur-Brennstoffzelle (HTBZ)* genannt wird, besitzt aufgrund ihrer inhärenten Eigenschaften ein besonders interessantes und breites Einsatzpotential für die umweltfreundliche Direktverstromung von Brenngasen. Folgende charakteristische Eigenschaften und Besonderheiten sind dafür verantwortlich:

- Beliebige Brenngase, also nicht nur Wasserstoff, sondern alle Brennstoffe wie Erdgas, Kohlegas, gasförmige Kohlenwasserstoffe etc. können elektrochemisch mit Hilfe des Sauerstoffionenleiters umgesetzt werden.

- Es ist nicht erforderlich, Sauerstoff als Oxidationsmittel bereitzustellen, vielmehr genügt Luft.

- Das Brennstoffzellensystem besteht vollständig aus Festkörperkomponenten; Korrosions- und Handhabungsprobleme mit flüssigen Elektrolyten können deshalb nicht auftreten.

- Da die Abwärme der HTBZ auf hohem Temperaturniveau anfällt, kann sie vorteilhaft zur Kraft-Wärmekopplung (mit Bereitstellung hochgrädiger Prozeßwärme) bzw. zur Erhöhung des Stromerzeugungswirkungsgrades von Gesamtsystemen bis zu Werten von mehr als 60 % eingesetzt werden.

- Die gute Reaktionskinetik bei den hohen Betriebstemperaturen macht den Einsatz von Edelmetallkatalysatoren überflüssig.

- Im Unterschied zu anderen Brennstoffzellen (wie z. B. Karbonatschmelzen-BZ) sind nickelhaltige Brenngaselektroden aufgrund der hohen Betriebstemperatur aus thermodynamischen Gründen unempfindlich gegen Schwefelverunreinigungen (H_2S im Erdgas, odorierende Mercaptanzusätze zum Erdgas).

- Die hohe Arbeitstemperatur der HTBZ bietet zusätzlich ein ausreichendes Potential für parallel laufende chemische Umsetzungen der Brenngase (z. B. Dampfreformierung von Methan/Erdgas zu Synthesegas), so daß kein externer Reformer erforderlich ist.

- Schließlich können dieselben Zellen ohne Modifikation reversibel und ohne Unstetigkeit im Umkehrprozeß der Hochtemperatur-Elektrolyse zur H_2-Erzeugung aus Wasserdampf (HOT ELLY) betrieben werden.

---

* In der angelsächsischen Literatur hat sich die Abkürzung SOFC für solid oxide fuel cell eingebürgert

4.3.2 Stand der Entwicklung

Die oben aufgeführten Vorteile der HTBZ wurden früh erkannt, und Forschung und Entwicklung haben gerade auf diesem Gebiet in Deutschland eine lange Tradition: Grundlegende Arbeiten von Möbius in der DDR wurden in den 60er Jahren bei BBC und Battelle Institut mit beachtlichen Erfolgen fortgeführt. Mit der Verwendung von Zirkondioxid-Zellen als λ-Sensor für die Abgaskontrolle von Automobilen wurde von Bosch die erste industrielle Nutzung dieser Technologie mit weltweit inzwischen einigen zehn Millionen verkauften Einheiten eingeleitet.

Die wesentlich komplexere Entwicklung von Energiewandlern, die aus sehr vielen integrierten Zellen und Hilfsaggregaten bestehen, ist bis heute noch nicht abgeschlossen.

Die Entwicklung dieser Technologie wurde in den letzten zwölf Jahren schwerpunktmäßig von zwei Firmen vorangetrieben: von Westinghouse in den USA und von Dornier mit Partnerfirmen im Rahmen des vom BMFT geförderten Hot-Elly-Programms, das zunächst auf die Hochtemperatur-Elektrolyse von Wasserdampf zur H_2-Erzeugung konzentriert war. (Dabei handelt es sich um die direkte Prozeßumkehr zur Brennstoffzelle, so daß nahezu alle Funktionselemente für beide Prozesse unmittelbar relevant sind.)

In den letzten beiden Jahren hat weltweit das Interesse an der Hochtemperatur-Brennstoffzelle schlagartig zugenommen. Außer in Japan wollen sich auch in Europa verschiedene Institutionen und Firmen in Skandinavien, Benelux, Italien und der Schweiz neuerdings mit dieser Verstromungstechnologie befassen. Ausgelöst wird dieses Interesse durch höhere Anforderungen an die Umweltverträglichkeit von Energietechniken und sinkende Akzeptanz der Kernenergie.

4.3.2.1 Funktionsprinzip, Komponenten und Zelldesign

Das Prinzip von Aufbau und Funktion einer Hochtemperatur-Brennstoffzelle ist in Bild 4.3-1 dargestellt. Zentrale Komponente ist ein gasdichter keramischer Sauerstoffionenleiter aus Yttriumstabilisiertem Zirkondioxid (Festelektrolyt), der mit geeigneten porösen Elektroden beschichtet ist. Auf der Kathodenseite werden hierfür Mischoxide mit Perovskitstruktur (z. B. dotiertes $LaMnO_3$) verwendet, anodenseitig ein Verbundwerkstoff aus Nickel und Keramik (Ni-Cermet).

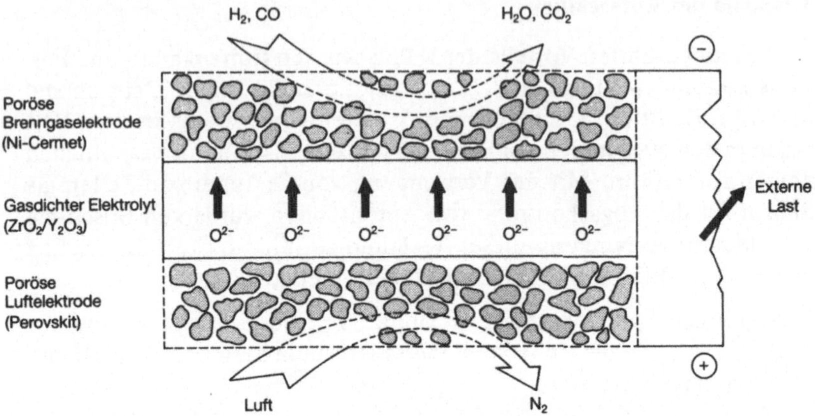

Bild 4.3-1: Funktionsprinzip einer HTBZ-Membran

Die unterschiedlichen chemischen Potentiale auf der Brenngas- und Luftseite einer derartigen Membran rufen eine elektrochemische Potentialdifferenz (Spannung) über die Membran hervor. Verbindet man die beiden Elektroden über eine externe Last, so führt diese Spannung zu einem Stromfluß: im Elektrolyten erfolgt der Transport negativer Ladungen über Sauerstoffionen, im äußeren Stromkreis werden die Elektronen von der Anode zur Kathode zurücktransportiert, wobei gleichzeitig das Brenngas vom angelieferten Sauerstoff oxidiert wird. Ein Teil der Enthalpiedifferenz ΔH der Oxidationsreaktion des Brenngases wird in diesem Prozeß in elektrische Energie konvertiert (maximal die Differenz der freien Enthalpie ΔG), der Rest wird als Wärme frei.

Zur Realisierung technischer Aggregate müssen Einheiten (sogenannte Module) aus vielen derartigen Membranen (Elektrochemie läuft an Oberflächen ab, nicht im Volumen) integriert werden, wobei weitere Komponenten, wie z. B. Materialien zur bipolaren Verschaltung einzelner Zellen, benötigt werden. Im Prinzip sind die Werkstoffe für sämtliche Komponenten heute verfügbar und für bestimmte rohrförmige Zellkonfigurationen bereits optimiert und im Langzeittest erprobt. Dafür mußten aufgrund der hohen Betriebstemperaturen und der extremen an die Komponenten gestellten Anforderungen ganz neue Verfahren zur Synthese und Verarbeitung keramischer Funktionswerkstoffe mit speziellen elektrischen und mechanischen Eigenschaften entwickelt werden.

Die Integration zu kompletten Aggregaten mit Leistungen im kW-Maß-
stab ist bisher nur mit tubularen Zellkonzepten gelungen (Westinghouse:
EVD-Prozeß auf porösen Trägerrohren; Dornier: selbsttragendes Rohr-
konzept). Bild 4.3-3 zeigt als Beispiel einen von Dornier integrierten
Labor-Modul aus 100 seriell und parallel verschalteten sogenannten
Stacks, die aus je zehn entsprechend dem Schema aus Bild 4.3-2 elektrisch
in Serie geschalteten zylindrischen Einzelzellen bestehen. Dieses Modell
hatte eine Elektrolyseleistung von 2 kW. Dieselben Stacks können, wie bereits erwähnt, auch als Brennstoffzellen betrieben werden, worauf im folgenden noch eingegangen wird.

Mit der Entwicklung neuer Herstelltechniken für keramische Funktionswerkstoffe (Foliengießen, Plasmaspritzen, Siebdrucktechniken etc.) eröffnen sich neue Möglichkeiten der kostengünstigen Herstelltechnik groß-
flächiger Zellaggregate in Flachbauweise. Wenn die damit verbundenen
schwierigen Probleme der gasdichten Zellverbindung und der thermo-
mechanischen Stabilität der Brennstoffzellenaggregate überwunden werden können, sind auch höhere Stromdichten sowie höhere Leistungsdichten pro Aggregatvolumen und damit wiederum niedrigere spezifische
Investitionskosten für das Gesamtsystem erreichbar. Auf diesem Gebiet
laufen derzeit weltweit verschiedene Konzeptstudien und Entwicklungen,
die sich aber meist noch im Anfangsstadium befinden. Ein Beispiel für ein

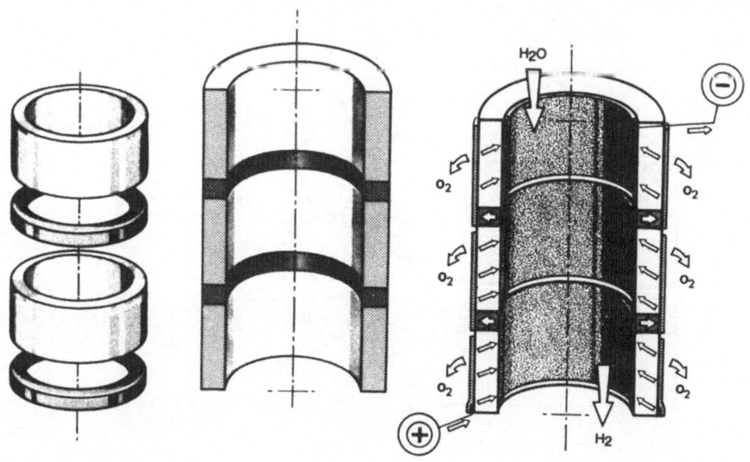

Bild 4.3-2: Prinzip der Serienschaltung rohrförmiger Hochtemperatur-Elektrolyse-
zellen

137

Bild 4.3-3: Labor-Modul

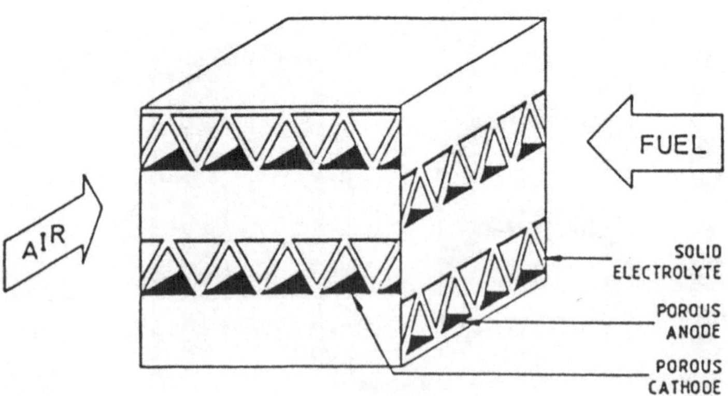

Bild 4.3-4: Flachzellen-Modulkonzept (Quelle: Argonne Natl. Labs.)

derartiges Flachzellen-Modulkonzept, das von den Argonne National Laboratories vorgeschlagen wurde, zeigt Bild 4.3-4.

4.3.2.2 Kennwerte und Leistungsdaten

Die Umsetzung von Wasserstoff, CO und beliebigen H_2/CO-Gasgemischen konnte experimentell im Labor nachgewiesen werden. Als Beispiel hierfür zeigt das Bild 4.3-5 Kennlinien eines zehnzelligen Rohrstacks der in Bild 4.3-3 gezeigten Art, die mit H_2/H_2O bzw. CO/CO_2 auf der Brenngasseite gemessen wurden. Negative Ströme bezeichnen dabei den Brennstoffzellen-, positive den Elektrolysebetrieb. Wie aus der Abbildung ersichtlich ist, kann man mit oxidkeramischen Brennstoffzellen reversibel und ohne Unstetigkeit vom Brennstoffzellenbetrieb in den Elektrolysebetrieb (und zurück) übergehen.

Die eingangs gemachte Aussage, daß eine Kombination der Dampfreformierung unmittelbar in der Brennstoffzelle (katalysiert vom Nickel der Brenngaselektrode) und der elektrochemischen Umsetzung des dabei ent-

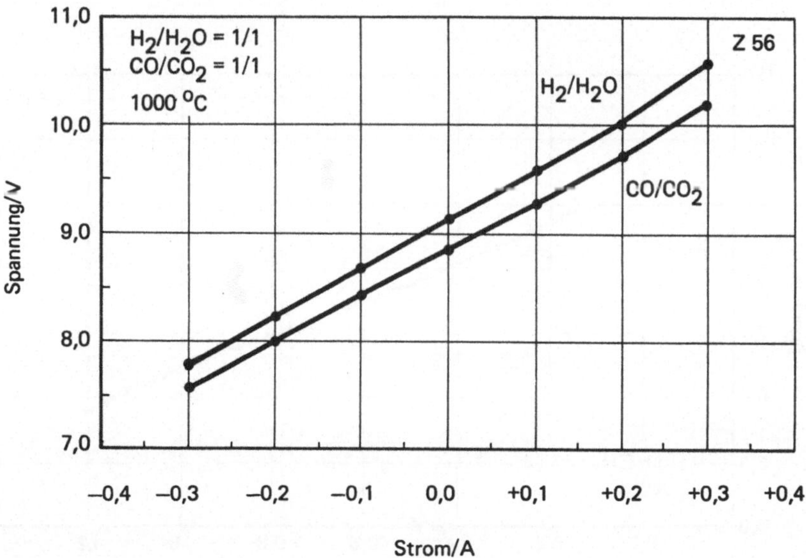

Bild 4.3-5: Kennlinien eines zehnzelligen Rohrstacks mit unterschiedlichen Brenngasen

stehenden Synthesegases möglich sein sollte, konnte ebenfalls experimentell verifiziert werden. In Bild 4.3-6 ist eine entsprechende Kennlinie eines HTBZ-Stacks dargestellt. Darüber hinaus konnte durch Messungen gezeigt werden, daß sich dabei (bezogen auf den unteren Heizwert des Brenngases) Stromerzeugungswirkungsgrade von über 60 % bei einem Gasumsatz von mehr als 90 % erreichen lassen.

4.3.2.3 Verfahrenstechnik Gesamtsystem

Zur Realisierung eines Brennstoffzellen-Kraftwerks ist es erforderlich, die keramischen Energiewandlereinheiten (Module) mit einer geeigneten verfahrenstechnischen Peripherie zu integrieren. Wichtigste Komponenten hierbei sind Brenngaskonditionierung, Regelung des Wärmehaushaltes, Bereitstellung der Luft als Oxidationsmittel und als wesentliches Kühlmedium, Abwärmenutzung sowie elektrotechnische Komponenten (DC/AC-Wandler).

Die Brenngasaufbereitung ist relativ einfach. Bei gasförmigen Kohlenwasserstoffen muß aufgrund des Reformierungs- und Konvertierungspoten-

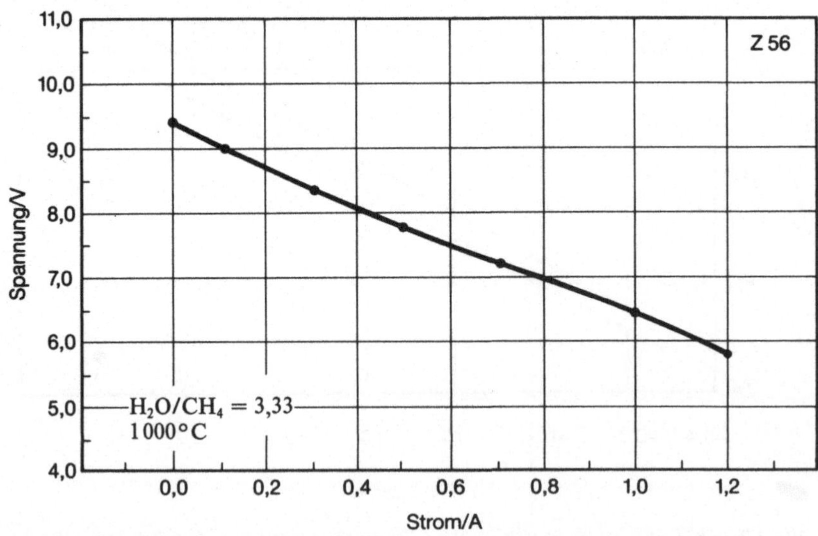

Bild 4.3-6: Kennlinie eines HTBZ-Stacks bei Direktverstromung von Methan

tials lediglich Wasserdampf zugemischt werden, der insbesondere in ausreichender Menge dem Abgas entnommen werden kann. Auf eine externe Anlage zur Dampf-Reformierung kann prinzipiell verzichtet werden. Für die Unterdrückung von Rußbildung in den Brennstoffzellen selbst sollten Dampfüberschüsse entsprechend einem H/C-Verhältnis von zwei bis drei genügen.

Die Brenngasvorwärmung kann rekuperativ durch Nutzung der fühlbaren Wärme des Abgases bewerkstelligt werden. Um hierbei die Bildung von Ruß aufgrund von Crackreaktionen zu verhindern (insbesondere wichtig bei höheren Kohlenwasserstoffen, die in der Regel neben Methan auch im Erdgas enthalten sind), empfiehlt sich die Vorschaltung einer Niedertemperaturspaltung (z. B. Lurgi Reichgas-Verfahren), in der das Brenngas in ein nur noch CH_4, CO, CO_2, H_2 und H_2O enthaltendes Gleichgewichtsgas umgesetzt wird. Dieser Prozeß läuft bei Temperaturen unterhalb 500 °C und je nach Anteil an höheren Kohlenwasserstoffen mit geringem Wärmebedarf ab, so daß die erforderliche Wärme ebenfalls der fühlbaren Wärme des Abgases entnommen werden kann.

Der für die Oxidation des Brenngases benötigte Sauerstoff wird durch die Kühlluft bereitgestellt (Versorgung mit reinem Sauerstoff oder Entfernung von CO_2 aus der Luft sind nicht erforderlich), deren stöchiometrischer Überschuß durch Art und Umsetzungsgrad des Brenngases sowie durch den von den keramischen Modulen tolerierten Temperaturgradienten bestimmt ist.

Realistische Werte für den Luftüberschuß bewegen sich etwa zwischen drei und acht. Die Vorwärmung der Kühlluft erfolgt analog zum Brenngas durch rekuperativen Wärmetausch mit der Abluft.

Ein stark vereinfachtes Fließbild für ein Gesamtsystem auf Basis Erdgas zeigt Bild 4.3-7.

4.3.2.4 Ausblick

Der Schwerpunkt der weiteren Entwicklung ist neben der Optimierung der Verfahrensführung und der Auslegung/Untersuchung der hierfür erforderlichen Komponenten vor allem auf dem Gebiet der keramischen Module zu sehen. Hier gilt es zum einen, die Zuverlässigkeit und Lebensdauer der Zell- und Modulkomponenten weiter zu steigern. Zum anderen

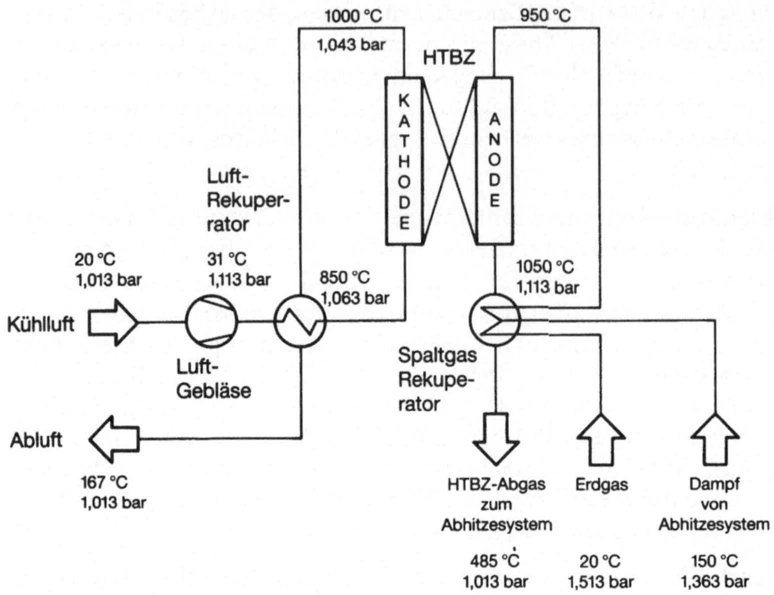

Bild 4.3-7: Fließbild HTBZ-Gesamtsystem auf Basis Erdgas

ist es vor allem erforderlich, ein unter Fertigungs- und Kostengesichtspunkten optimales Moduldesign zu entwickeln, das das Potential des hohen Wirkungsgrads unter Realisierung hoher Leistungsdichten ausschöpft. Dazu sind neueste Keramiktechnologien und Beschichtungsverfahren einzusetzen, um die Fertigung kompakter Zellaggregate bei geringem Material- und Herstellungsaufwand zu ermöglichen. Es ist damit zu rechnen, daß die Volumenleistung künftiger Zellaggregate bis zu Werten von 1 MW pro m^3 Bauvolumen gesteigert werden kann. Damit sollten sich Systemkosten für die Verstromung von Erdgas von 1 500 bis 2 000 DM/ kW(el) verwirklichen lassen.

4.3.3 Markt- und Einsatzchancen

Die Hochtemperatur-Brennstoffzelle kann – falls die genannten Kostenziele annähernd erreicht werden – bereits mittelfristig eine wichtige Rolle für unsere zukünftige Energieversorgung spielen, da ihr Einsatz unabhängig von einer möglichen Wasserstoffwirtschaft auch mit der jetzigen Infrastruktur auf der Basis fossiler Kohlenwasserstoffe realisierbar ist.

Die umweltrelevanten Vorteile dieser Technologie

- bedeutende Reduzierung der CO_2-Emissionen gegenüber herkömmlichen Verfahren, bezogen auf die gleiche elektrische Energie aufgrund des wesentlich besseren Wirkungsgrades

- vernachlässigbar geringe NO_x-Emissionen

- geringe Geräuschentwicklung (so gut wie keine bewegten Teile)

werden ihren Einsatz in Zukunft noch stärker begünstigen.

Hinzu kommt der Vorteil der modularen Bauweise für die eigentlichen Zellaggregate, die eine standortunabhängige industrielle Fabrikation in größeren Stückzahlen erlaubt und einen flexiblen, bedarfsgesteuerten Zubau von Verstromungsleistung in der Energiewirtschaft ermöglicht.

Folgende Märkte könnten sukzessive für die oxidkeramische Brennstoffzelle erschlossen werden:

- Einsatz der HTBZ zur Verstromung von Gasen in kleineren Leistungseinheiten (50 kW bis 5 MW) gegebenenfalls mit Nutzung der Hochtemperaturwärme (aber ohne nachgeschalteten Dampfturbinenprozeß) als Einstiegsmarkt in die Energiewirtschaft.

- Verstromung von Kohlegasen (oder Erdgas) in großen Leistungseinheiten ($>$ 100 MW) mit bottoming cycle.

- Dreifach-Kombiprozesse mit druckbetriebenem Brennstoffzellenaggregat als Vorstufe für einen Gasturbinen-/Dampfturbinenprozeß mit Gesamtwirkungsgraden von ca. 70 % (bezogen auf UHW) für die Verstromung von Erdgas bzw. von Kohlegasen.

- Langfristig ist auch der Einsatz oxidkeramischer Brennstoffzellen in Kompaktbauweise für mobile Antriebsaggregate (große Fahrzeuge, Schiffe etc.) interessant. Bei Leistungen von 1 kW/1 Bauvolumen sowie Wirkungsgraden von mindestens 50 % könnten so die energetischen und umweltrelevanten Vorteile von Elektrofahrzeugen in idealer Weise mit der großen Reichweite heutiger Automobile kombiniert werden, die auf den idealen Speichereigenschaften flüssiger Kohlenwasserstoffe (Diesel-, Benzin- oder LNG-Tanks) beruht.

Die genannten Anwendungsfälle stellen nur beispielhaft das große Einsatzpotential dieser neuen Technologie dar. Sie machen aber auch die Dimensionen der vor uns liegenden Aufgaben deutlich, die Entwicklung der Labortechnik bis zur technischen Einsatzreife zu realisieren.

4.4 Dünnschichtverfahren zur Herstellung von oxidkeramischen Brennstoffzellen

Ein modifizierter CVD/EVD-Prozeß

L. G. J. de Haart, Y. S. Lin, K. J. de Vries, A. J. Burggraaf
Universität Twente

4.4.1 Einleitung

Das übliche Material für die Elektrolytmembran von oxidkeramischen Brennstoffzellen ist heute Yttrium-stabilisiertes Zirkondioxid (YSZ), während man für die Kathode Sr-dotiertes $LaMnO_3$ benutzt und die Anode aus einem Nickel-Zirkondioxid-Cermet aufbaut. Die Arbeitstemperatur von derartigen Zellen beträgt heute 1 000 °C und die Dicke der Elektrolytmembran liegt zwischen 40 und 100 Mikrometer [1, 2].

Die hohe Arbeitstemperatur ist nötig, damit man genügend hohe Leitfähigkeiten im Elektrolyten und damit genügend geringe Ohmsche Verluste erzielt. Ziel des hier beschriebenen Forschungsprogramms ist die Entwicklung einer Herstelltechnik für Membranen und dünne Elektrolytschichten für oxidkeramische Zellen, die es ermöglichen sollen, den inneren Widerstand der Membranen soweit herabzusetzen, daß man die Arbeitstemperatur auf 800 bis 900 °C senken kann. Die Untersuchungen werden in enger Kooperation mit dem holländischen Energiezentrum (ECN) in Petten durchgeführt.

In Bild 4.4-1 ist das Prinzip des Herstellungsverfahrens dargestellt. Konventionell hergestellte, flache Elektrodeneinheiten, die aus porösem Träger, der Kathode und der Elektrolytmembran bestehen, werden bereits heute bei ECN hergestellt und untersucht [3].

Basis des von uns verfolgten Verfahrensweges ist die Abscheidung und gleichzeitige Integration des sehr dünnen Elektrolytfilms auf der porösen Kathode. Wir benutzen einen modifizierten CVD-Prozeß, der kombiniert wird mit einem EVD-Prozeß, um zu erreichen, daß die abgeschiedene dünne Membran auch wirklich dicht wird.

4.4.2 Prinzip des Verfahrens

In dem modifizierten CVD/EVD-Prozeß strömen von den beiden Seiten der porösen Membran die Reaktanden des CVD-Prozesses, wie das Bild

144

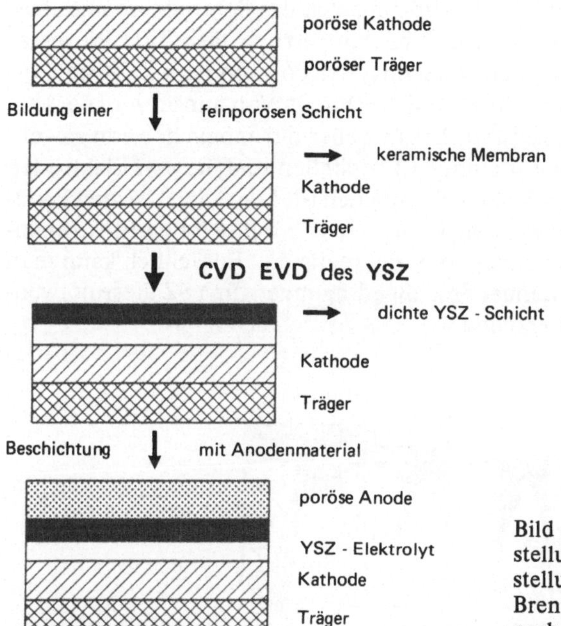

Bild 4.4-1: Schematische Darstellung des Ablaufs der Herstellung von oxidkeramischen Brennstoffzellenelementen nach der Membrantechnik

4.4-2 für die Abscheidung von Y-stabilisiertem Zirkondioxid schematisch darstellt. Das Bild 4.4-3 gibt den Prozeß in seinem zeitlichen Ablauf wieder, um zu zeigen, wie der CVD-Prozeß nach Schließen der Membran in einen EVD-Prozeß übergeht.

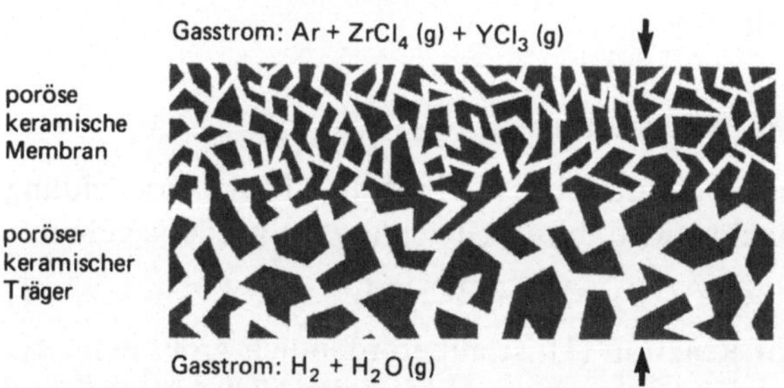

Bild 4.4-2: Schematische Darstellung des CVD/EVD-Prozesses zur Abscheidung von trägergestützten keramischen Membranen

Im Stadium 1 und 2 (Bild 4.4-3) wird zunächst das Poreninnere mit einer dünnen YSZ-Schicht belegt und eine Fortsetzung des CVD-Prozesses führt nach und nach zu einer Verengung der Pore. In dem Zustand 3 erreicht man schließlich, daß die Pore sich schließt. Von nun an wird der Prozeß als EVD-Prozeß fortgeführt. Dies ist aber nur möglich, wenn sowohl die Diffusion von Sauerstoffanionen-Leerstellen und die von Elektronen durch die geschlossene YSZ-Schicht möglich ist. Man kann also den EVD-Prozeß überhaupt nur anwenden, wenn man gemischte Ionen-Elektronenleitung in dem entsprechenden Material realisiert. Tatsächlich kann man durch Vorgabe entsprechender Prozeßbedingungen für YSZ diese notwendige Mischleitfähigkeit erzielen.

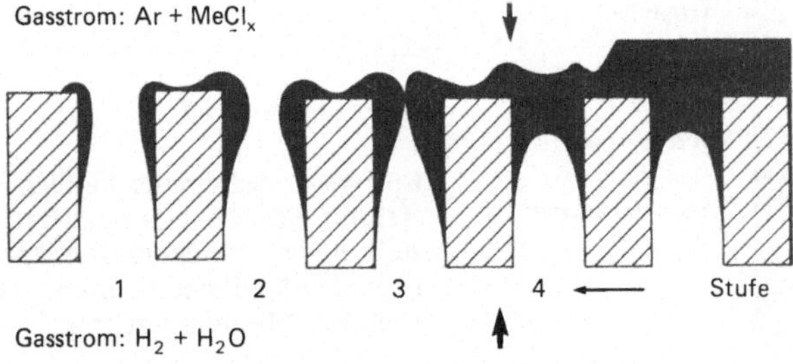

Bild 4.4-3: Schematische Darstellung der obersten Schicht des porösen Substrats, die die unterschiedlichen Stadien des modifizierten CVD/EVD-Prozesses zur Herstellung von Membranen zeigt

Das angewandte Verfahren stellt gleichzeitig sicher, daß die auf dem porösen Substrat niedergeschlagene Elektrolytschicht sehr dünn ist und überall die gleiche Dicke erzielt.

4.4.3 Thermodynamische Voraussetzungen

Der erste Schritt in dem modifizierten CVD-Prozeß, d. h. die Abscheidung stabilisierten Zirkondioxids, wird durch Gleichung (1) wiedergegeben:

$$ZrCl_4\ (g) + 2\ H_2O\ (g) = ZrO_2\ (s) + 4\ HCl\ (g) \tag{1}$$

Die treibende Kraft für Reaktion (1) ist außerordentlich groß, denn die freie Enthalpie der Reaktion liegt zwischen - 176,6 und - 200,4 kJ/mol, was einer Gleichgewichtskonstante zwischen 2,4 x 10^8 bis 0,1 x 10^8 bar^{-1} im Temperaturbereich zwischen 1 000 und 1 478 K entspricht. Daher wird der

146

CVD-Prozeß ausschließlich durch die Stofftransportkinetik und die Reaktionskinetik in den Poren des Trägers bzw. auf den Porenwänden des Trägers bestimmt.

Wie bereits oben angedeutet, führt die Abscheidung des Metalloxids in den Poren schließlich zur Schließung der Poren. Die geringe, aber endliche elektronische Leitfähigkeit des Metalloxidpfropfens am Ende der Pore ermöglicht es, daß auf der Seite, auf der der Metallchlorid-Dampf zugeführt wird, immer noch weiter Metalloxid langsam aufwachsen kann entsprechend dem Mechanismus des Wagner-Zunderprozesses [5].

Verwendet man auf der Gegenseite Wasser als Sauerstofflieferanten, dann kann die elektrochemische Reaktion wie folgt beschrieben werden:

Auf der Seite des Metallchlorids

$$ZrCl_4 + 2\ O^{2-} = ZrO_2 + 2\ Cl_2 + 4e^- \tag{2}$$

auf der Gegenseite, auf der Wasserdampf und Wasserstoff zugeführt werden,

$$2\ H_2O + 4e^- = 2\ O^{2-} + 2\ H_2. \tag{3}$$

Dies gibt die Bruttoreaktionsgleichung

$$ZrCl_4\ (g) + 2\ H_2O\ (g) = ZrO_2\ (s) + 2\ H_2 + 2\ Cl_2 \tag{4}$$

Wenn allerdings, wie beschrieben, Wasser als Sauerstoffquelle benutzt wird, so ist die freie Enthalpie der Reaktion vier von erheblicher Größe und positiv ($\Delta G^\circ = 228{,}4$ bis $215{,}1$ kJ/mol bei 1 000 bis 1 478 K). Dennoch sind experimentelle Daten veröffentlicht worden [6, 8], aus denen hervorgeht, daß man auf diese Weise mit dem EVD-Prozeß einen Film stabilisierten Zirkondioxids wachsen lassen kann. Allerdings müssen Strömungs- und Austauschgeschwindigkeit der Gase extrem hoch gewählt werden und die Reaktionsprodukte ständig abgeführt werden [9].

Wird jedoch Sauerstoff statt Wasser als Reaktand gewählt, so wird die freie Enthalpie der Bildungsreaktion von Zirkondioxid wieder negativ und ein EVD-Prozeß ist thermodynamisch unter normalen experimentellen Bedingungen möglich.

4.4.4 Kinetik

Die Kinetik des EVD-Prozesses umfaßt folgende Schritte:

1. Interdiffusion der beiden Reaktanden in der Substratpore;

2. chemische Reaktion und Abscheidung des Metalloxids an den Porenwänden;
3. Diffusion des Produktgases (HCl) aus der Pore heraus.

Die mathematische Modellierung des CVD-Prozesses ist bereits an anderer Stelle publiziert worden. Das Modell baut auf dem Differentialglei-
chungssystem auf, das die Verteilung der Oxidabscheidung in der Pore be-
schreibt. Die Modellierung zeigt deutlich, daß außer Reaktionsgeschwindigkeitskoeffizienten und Diffusionskoeffizienten die gewählten experimentellen Bedingungen, insbesondere die Reaktandenkonzentration in
den beiden Gasströmen, Substratstemperatur, Druckabfall über die Pore
usw., die Abscheidungsgeschwindigkeit bestimmen werden. Das Modell
gestattet die richtige Auswahl der Prozeßparameter, so daß die Abfolge der
Phasen 1, 2, 3 und 4, wie in Bild 4.4-3 beschrieben, in definierter Weise
durchlaufen werden.

Der Gradient der chemischen Aktivität des Sauerstoffs über den EVD-
Film ist die treibende Kraft für den EVD-Prozeß [6, 8, 9] und das Film-
wachstum während des EVD-Prozesses wird durch die vier Einzelschritte
beschrieben.

1. Wasser- oder Sauerstoffdiffusion in der Substratpore;
2. Ladungsdurchtrittsreaktion an der Phasengrenze zwischen EVD-Film
   und Wasserdampf;
3. elektrochemischer Transport im EVD-Film;
4. Ladungsdurchtrittsreaktion (Bildung des Oxids) an der Phasengrenze
   des EVD-Films, an der der Metallchloriddampf zugeführt wird.

Die Analyse des Prozesses zeigt, daß die Dicke des nach dem EVD-Prozeß
gebildeten Films parabolisch mit der Zeit ansteigt, wenn der dritte Schritt,
nämlich der elektrochemische Transport durch den Film, geschwindigkeitsbestimmend ist. Ist irgendeiner der drei Schritte eins, zwei oder vier
geschwindigkeitsbestimmend, so nimmt die Dicke des Films linear mit der
Zeit zu. Tatsächlich zeigt sich, daß unter den üblichen Prozeßbedingungen
(relativ schneller elektrochemischer Transport) die Wasser- bzw. Sauerstoffdiffusion in der Substratpore geschwindigkeitsbestimmend ist [9].
Daher ist die Dimensionierung der Porosität des Substrats kritisch für die
Wachstumsgeschwindigkeit des EVD-Films.

4.4.5 Experimentelles

Die benutzte Apparatur ist an anderer Stelle beschrieben worden [11]. In
einer einleitenden Untersuchung wurde eine grobe, poröse Scheibe aus
Alpha-Aluminiumoxid als Substrat benutzt. Tabelle 4.4-1 stellt die charakteristischen Daten des CVD/EVD-Experiments zusammen.

Phasenstruktur, Morphologie, Zusammensetzung und Profil der Zusammensetzung des EVD-Filmes wurden nach Abschluß des Versuchs mit
XRD, SEM und EDS untersucht. Das Fortschreiten der CVD-Abschei-
dung und der Schließung der Poren wurde während des Versuches, ohne
den Versuch zu unterbrechen, durch Permeationsversuche mit Argon bestimmt. Verfolgt wurde der Anstieg des Druckes auf der Wasserdampfseite, wobei chloridseitig 200 mbar Druck vorgegeben wurde und der
ursprüngliche Druck auf der Wasserdampfseite 100 mbar betrug.

Tabelle 4.4-1: Charakterisierung der Substrate und experimentelle Bedingungen

Reaktanden:	$ZrCl_4$, YCl_3, H_2O
Trägergas:	Ar (für Chloride), H_2/Ar (für Wasser)
Substrate:	α-Aluminiumoxidscheibe, Durchmesser = 12 mm, Dicke = 2 mm mittlerer Porendurchmesser = 0,16 μm; Porosität = 50 %
Substrattemperatur:	1000 °C
Reaktordruck:	1,5 mbar
Temperatur des $ZrCl_4$-Sättigers:	160 °C
Temperatur des YCl_3-Sättigers:	613 °C
Temperatur des Wasserdampf-Sättigers:	40 °C
Konzentrationssumme der Metallchloride:	20 x 10^{-9} mol/ml
$YCl_3/ZrCl_4$-Verhältnis im Dampf:	1/5
Wasserdampfkonzentration:	3,5 x 10^{-9} mol/ml
H_2/H_2O-Verhältnis im Dampf:	3/2

4.4.6 Ergebnisse

Die ersten Experimente wurden nur unter der Bedingung für den CVD-
Prozeß (Wasser als Sauerstofflieferant) betrieben. Die Permeabilitätsmes-
sungen mittels Argon sollten Auskunft über die Kinetik des Schließens der

Poren geben. Doch zeigen SEM-Untersuchungen, daß unter diesen Bedingungen schon eine dünne Metalloxidhaut von einigen Mikrometer Dicke aufgewachsen war. Mittels Röntgendifraktometrie konnte man sehen, daß es sich bei dem Film um kubisches YSZ handelt. Das Verhältnis Y_2O_3 zu ZrO_2 ist ungefähr 0,08 und wird damit weitgehend durch das Verhältnis von YCl_3 zu $ZrCl_4$ in der Gasphase bestimmt (vgl. Tabelle 4.4-1). Bei dem von uns benutzten Substrat schlossen sich die Poren innerhalb von etwa 50 Minuten. Eine Fortsetzung des Versuches führte zum Aufwachsen des Metalloxids auf der Chloridseite. Bild 4.4-4 zeigt eine röntgenmikroskopische Aufnahme des Schnittes durch Substrat und Schicht nach einer gesamten Depositionszeit von vier Stunden. Nach drei Stunden ist die Schicht etwa 4 µm dick. Das Rückstreuelektronenbild in Bild 4.4-4 zeigt deutlich, daß das YSZ etwa 10 µm tief in den Poren abgeschieden ist. Außerdem zeigt das röntgenelektronenmikroskopische Bild, daß die

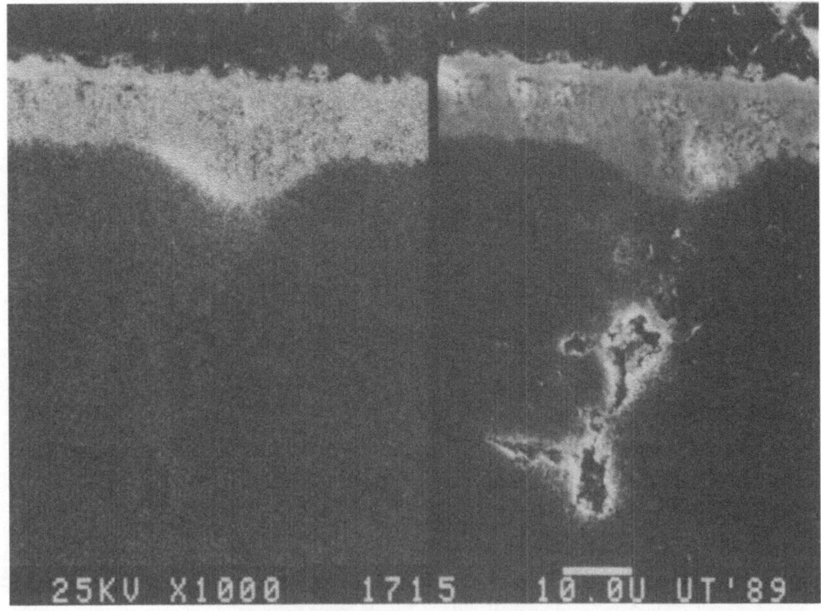

Bild 4.4-4: Elektronenmikroskopisches Bild eines Querschnitts durch eine aluminiumoxidgestützte Membran, die nach dem modifizierten CVD/EVD-Prozeß hergestellt ist.
Rechts: Sekundärelektronen-Emissionsbild, das die Morphologie darstellt; links: Bild anhand der rückgestreuten Elektronen, das die Zusammensetzung der Schicht wiedergibt (dunkel = Al; hell = Y, Zr)

150

Abscheidung durch Brüche und Fehler im Substrat beeinflußt wird. Das Sekundärelektronenbild zeigt deutlich größere Fehler und Fehlstellen am Aluminiumoxidsubstrat, die etwa 50 cm vom Rand der Probe entfernt sind. An dieser Stelle dringt das Zirkoniumoxid auch tiefer in das Substrat ein. Allerdings und erfreulicherweise wird die Dicke der mit dem EVD-Prozeß aufgebrachten Schicht nicht durch diese Fehler der Primärabscheidung beeinflußt. Sie ist überall gleich dick. Damit wird das Ergebnis der mathematischen Modellierung [9, 10] bestätigt.

Ein weiterer Versuch wurde mit einem Substrat durchgeführt, das von ECN zur Verfügung gestellt wurde: Die Poren hatten einen Durchmesser von rund 9,6 µm und die Porosität betrug 47 %. Die sonstigen experimentellen Bedingungen der Abscheidung waren dieselben wie in Tabelle 4.4-1 dargestellt. Die Abscheidungszeit betrug sechs Stunden. Die Gaspermeationsexperimente mit Argon zeigten, daß die Permeabilität des Substrats nur langsam abnahm, d. h. während dieser sechs Stunden Zirkondioxid ausschließlich an den Porenwänden mittels des CVD-Prozesses abgeschieden wurde. Elektronenmikroskopische Untersuchungen bestätigten diesen Befund.

Das Modell zeigt deutlich, daß die Verteilung der Metalloxidabscheidung auf den Porenwänden vom Thiele-Modul abhängt, der proportional zum Verhältnis des Reaktionsgeschwindigkeitskoeffizienten zum Diffusionskoeffizienten der Metallchloridmischung ist [10]. Außerdem wird der Thiele-Modul durch die Dicke des Substrats, und den ursprünglichen Porenradius, R_0, bestimmt. Für Knudsen-Diffusion ist der Diffusionskoeffizient proportional dem Porenradius, so daß der Thiele-Modul Ø proportional zu $(L/R_0)^2$ ist. Bei dem groben Substrat von ECN war der Thiele-Modul ungefähr 104mal kleiner als in dem ursprünglich von uns benutzten, sehr feinporigen Substrat. Infolge des sehr niedrigen Thiele-Moduls für die ECN-Probe wird die Abscheidung verlangsamt und die Abscheidung erstreckt sich fast über die gesamte Tiefe der Pore. Die Pore wird nicht geschlossen und eine Membran kann nicht gebildet werden.

Zukünftig werden die Untersuchungen nur noch mit sehr feinporigem Substrat durchgeführt. Als Substrate sollen benutzt werden das „normale" UT-Substrat und die Aluminiumoxid/SLM-Komposite, die von ECN hergestellt werden. Da die Poren der oberen Schicht (15SLM) der Aluminiumoxid/SLM-Substrate einen mittleren Durchmesser von nur 0,4 µm hatten [3], erwarten wir, daß die Zeit, die zum Schließen der Poren nötig ist, nicht länger als zwei Stunden dauern dürfte. Diese Untersuchungen sollen als Basis für die Entwicklung optimierter Komposite mit der richtigen Mikrostruktur dienen.

4.4.7 Schlußfolgerungen

Der modifizierte CVD/EVD-Prozeß scheint für die Herstellung dünner Zirkondioxidmembranen für die oxidkeramische Technik geeignet zu sein. Die ersten experimentellen Resultate der Abscheidung von stabilisiertem Zirkondioxid auf einem relativ groben Aluminiumoxidsubstrat zeigt die Eignung dieser Technik für die Abscheidung sehr dünner (2 bis 5 μm) Elektrolytmembranen.

Danksagung

Die Untersuchungen wurden mit Unterstützung der Kommission der Europäischen Gemeinschaften im nichtnuklearen Energieforschungs-und Entwicklungsprogramm unter der Kontraktnummer EN3E-175-NL durchgeführt. Wir sagen unseren Dank den Herren B. Franzen, D. Wesseling und R. Kuipers für die Konstruktion des Reaktors und die Hilfe bei der Durchführung der Experimente.

4.4.8 Literatur

[1] *J. T. Brown:* Energy (Oxf.) **11**, (1986) 209

[2] *B. C. H. Steele:* Ceramic Electrochemical Reactors. Current Status and Application. Ceramionics, Surrey (UK), 1987

[3] *J. P. P. Huijsmans, S. B. van der Molen, E. J. Siewers:* Proc. 1st Europ. Ceram. Soc. Confer., Maastricht, June 18/23 1989, Elsevier, Amsterdam, 1989

[4] *I. Barin, O. Knacke:* Thermochemical Properties of Inorganic Substances. Springer-Verlag, Berlin, 1973

[5] *P. Kofstad:* High Temperature Oxidation of Metals. Wiley, New York, 1966, Chapter 5

[6] *A. O. Isenberg:* ECS Symp. Electrode Materials, Processes for Energy Conversion and Storage, Vol. **77-6**, (1977) 572

[7] *G. Dietrich, W. Schäfer:* Int. J. Hydrogen Energy **9**, (1984) 747

[8] *M. Carolan, J. N. Michaels:* Solid State Ionics **25**, (1987) 207

[9] *Y. S. Lin, L. G. J. de Haart, K. J. de Vries, A. J. Burggraaf:* to be published

[10] *Y. S. Lin, K. J. de Vries, A. J. Burggraaf:* J. Phys. C. (Paris), Proceedings of EURO-CVD 7, Perpignan, June 19/23 1989, in press

[11] *Y. S. Lin, L. G. J. de Haart, K. J. de Vries, A. J. Burggraaf:* Proc. 1st Europ. Ceram. Soc. Confer., Maastricht, June 18/23 1989, Elsevier, Amsterdam 1989

4.5 Technik und Wirtschaftlichkeit von Brennstoffzellen-Kraftwerken

W. Drenckhahn
Siemens AG, Erlangen

Zusammenfassung

Die Entwicklung der Brennstoffzellen, die als Kraftwerk zur Strom- und Wärmeerzeugung geeignet sind, wurde im letzten Jahrzehnt von den USA und Japan angeführt.

Bei der **PAFC** wurden mit japanischer und amerikanischer Zellentechnik jeweils Demonstrationskraftwerke der MW-Klasse gebaut. Die Stackkosten liegen noch um einen Faktor 20 zu hoch, um wirtschaftlich mit kommerziellen Stromerzeugungssystemen konkurrieren zu können. Der angestrebte elektrische Systemwirkungsgrad von 40 % wurde erreicht, die Betriebszeiten waren etwa 2 000 Stunden, Ziel ist weiterhin 40 000 Stunden. Die Betriebsergebnisse dieser Demonstrationskraftwerke zeigen, daß die häufigsten Fehler bei den peripheren Systemen wie Reformer u. ä. auftreten. Die Entwicklung dieser Komponenten muß deshalb neben der BZ-Entwicklung weitergeführt werden.

Die **MCFC**-Entwicklung ist derzeit bei der 10-kW-Klasse angelangt. Demonstrationsanlagen der 200-kW-Klasse sind Mitte der 90er Jahre zu erwarten. Dementsprechend kann bezüglich der Kraftwerkstechnik nur auf Systemstudien zurückgegriffen werden. Legt man die Daten, die heute für kleinflächige (einige cm^2) Einzelzellen erreicht werden zugrunde, so errechnet sich für Kraftwerke der 50-MW-Klasse bei Erdgasfeuerung, externer Reformierung, einem Systemdruck von acht bar und einer Zelltemperaturdifferenz von 100 K ein elektrischer Systemwirkungsgrad von 56 %; bei interner Reformierung steigt dieser Wirkungsgrad auf etwa 65 %. Diese ermutigenden Ergebnisse hängen aber davon ab, ob es künftig gelingt, auch bei den großflächigen (bis 1 m^2) Zellen, die Daten der kleinflächigen Zellen zu erreichen. Mit den heute an großflächigen Zellen verifizierten Daten reduzieren sich obige Wirkungsgrade um ca. 5 %-Punkte. Die Stackkosten werden z. Z. mit etwa 3 000 DM/kW abgeschätzt, müssen aber, damit das BZ-Kraftwerk in den wirtschaftlichen Bereich kommt, erheblich (Faktor fünf bis zehn) reduziert werden.

Die **SOFC**-Entwicklung ist mit dem Röhrendesign bei der Mehr-kW-Klasse angelangt, ebene Designs, deren Entwicklung in den letzten Jahren begonnen wurde, sind im Einigen-Watt-Bereich. Aufgrund der höheren Arbeitstemperatur ergeben sich infolge der besseren Abwärmenutzung höhere Systemwirkungsgrade als bei MCFC-Kraftwerken. Bei Erdgasfeuerung, externer Reformierung, zehn bar Systemdruck errechnen sich ca. 60 % und interner Reformierung bis zu 70 % Systemwirkungsgrad für ein Kraftwerk im 50-MW-Bereich. Wegen der erst beginnenden Entwicklung der SOFC sind Aussagen über tatsächliche Stackkosten mehr spekulativ. Wirtschaftlichkeitsstudien zeigen, daß diese deutlich unter 1 000 DM/kW liegen sollten, um als Energieerzeugungssystem mit den herkömmlichen vergleichbar zu werden.

Die weitere Entwicklung der Hochtemperatur-Brennstoffzellen wird sich an den oben genannten wirtschaftlichen Vorgaben messen lassen müssen, damit sie nicht nur technisch ein Erfolg wird.

4.5.1 Einleitung

Brennstoffzellen eröffnen eine neue und aufregende Option einer Energieumwandlung hohen Wirkungsgrades von fossilen Brennstoffen in elektrische Energie. Die für den Kraftwerksbauer interessanten Brennstoffzellen sind die phosphorsaure Brennstoffzelle (PAFC), die Karbonatschmelzen-Brennstoffzelle (MCFC) sowie die oxidkeramische Brennstoffzelle (SOFC), da bei diesen, insbesondere bei den beiden letztgenannten, durch die Möglichkeit der Abwärmenutzung hohe Systemwirkungsgrade bei der Erzeugung elektrischer Energie erreicht werden können.

Der fortgeschrittenste Brennstoffzellentyp für die Kraftwerksanwendung ist die PAFC. In Japan lief bereits ein 4,5-MW-Prototyp mit Stacks, die von IFC (USA) geliefert wurden, der inzwischen wieder abgeschaltet worden ist. In den letzten beiden Jahren wurden zwei 1-MW-Demonstrationsanlagen mit Brennstoffzellen von japanischen Herstellern (Fuji, Melco, Hitachi, Toshiba) errichtet, getestet und betrieben. Als nächster großer Schritt wird eine 11-MW-Anlage mit Stacks von IFC von TEPCO gebaut. Diese Anlage soll Anfang der 90er Jahre in Betrieb gehen. Weiterhin sind in Japan etwa 20 Projekte im 50- bis 200-kW-Bereich für den Einsatz als Blockheizkraftwerk geplant. In den USA hat IFC bei der Entwicklung der PAFC eine deutliche Führungsstellung. In der Anwendung von Demonstrationsanlagen hält sich die Wirtschaft der USA jedoch deutlich zurück.

IFC bietet z. Z eine 200-kW-Anlage an und versucht damit, die PAFC zu kommerzialisieren (Tabelle 4.5-1).

Tabelle 4.5-1: Technischer Status der BZ-Kraftwerke

PAFC	4,5 MW	Prototyp	Japan
	2 x 1 MW	Demonstration	Japan
	mehrere		
	200 kW	on site Anlagen	USA, Japan
MCFC	10 kW	1987/88	Japan, USA
	100 kW	1992/93	Japan, USA, Europa
	1 MW	1995	Japan, USA, Europa
SOFC	3 - 5 kW	Modul getestet (Röhrenkonzept)	USA, Japan
	1 kW	Klasse Röhrenkonzept	

Bei der MCFC ist die Anwendung im Kraftwerksbereich noch einige Jahre entfernt. Der derzeitige Entwicklungsstand zeigt, daß die 10-kW-Klasse in Japan und USA erreicht wurde. Als nächstes Ziel wird für das Jahr 1992 die 100-kW-Klasse angegeben. Dieses Ziel wollen in Europa auch die Niederlande mit einer eigenen MCFC-Entwicklung erreichen. Die 1-MW-Klasse soll in den Jahren 95/96 erreicht werden (Tabelle 4.5-1).

Obwohl die oxidkeramische Brennstoffzelle schon seit etwa 25 Jahren entwickelt wird, ist ihr Entwicklungsstand gegenüber den anderen Brennstoffzellen noch nicht besonders weit gediehen. Stand der Technik ist heute die Mehr-kW-Klasse des Röhrenkonzeptes von Westinghouse. Mit diesem Konzept hat Dornier GmbH im Rahmen der HOT ELLY-Entwicklung ebenfalls die kW-Klasse erreicht.

Die Technik von Brennstoffzellenkraftwerken kann demnach nur für die PAFC fundierter beschrieben werden. Für die Hochtemperatur-Brennstoffzellen liegen dem Stand der Entwicklung gemäß nur Ergebnisse von Systemstudien vor.

Trotz dieses frühen Entwicklungsstandes, oder gerade deshalb, müssen künftige Einsatzfelder der Brennstoffzellen in der Energiewirtschaft identifiziert und abgeklärt werden. Für die Hochtemperatur-Brennstoffzellen werden am Ende der Entwicklung wegen des hohen Wirkungsgrades die Anwendungen als Spitzenlast-, Mittellast- oder Grundlast-Kraftwerke im Bereich von 5 bis 1000 MW angesehen. Vorteile verspricht man sich von den geringen Emissionen sowohl der Schadstoffe als auch der Geräusche.

Die Einführung der Hochtemperatur-Brennstoffzelle wird heute allgemein im Bereich der Kraft-Wärmekopplung mit einem Leistungsbereich von 20 kW bis einige MW erwartet. Dabei ist vor allem an die Anwendung im Bereich der Blockheizkraftwerke gedacht. Andere Anwendungen der Brennstoffzellen werden im Verkehr oder in der Raumfahrt gesehen. Da es hier besonders auf das Gewicht, Volumen und die Robustheit der Aggregate ankommt, ist dies ein Anwendungsfall für die Niedertemperatur-Brennstoffzelle. Ob die Kosten soweit gesenkt werden können, daß diese Systeme eine weite Anwendung finden werden, wird ihre weitere Entwicklung zeigen (Tabelle 4.5-2).

Tabelle 4.5-2: Anwendung für Brennstoffzellen (Quelle: USA-Beitrag zur WEC, Richard Woods, GRI)

Anwendung	Typische Größe	Wichtige Parameter
Kraftwerke - Spitzenlast - Mittellast - Grundlast	5 – 250 MW 50 – 250 MW 100 – 1000 MW	Lebenszyklenkosten Emissionen
Kraft-Wärme-kopplung - Industrie - Gewerbe - Haushalte	1 – 50 MW 20 – 1000 kW 3 – 20 kW	Systemwirkungsgrad Wärmequalität Verfügbarkeit / Lebensdauer / Volumen Kosten Emissionen
andere Anwendungen - Verkehr - transportabel - Raumfahrt	15 – 60 kW ca. 2 kW 25 – 100 kW	Gewicht Volumen Kosten Robustheit

4.5.2 Technische Konzeption des Brennstoffzellen-Kraftwerkes

Das Brennstoffzellen-Kraftwerk besteht aus vier technisch voneinander trennbaren Gliedern: der Brennstoffaufbereitung, der Brennstoffzelle, dem Wechselrichter und dem Abwärmenutzungsteil (Bild 4.5-1).

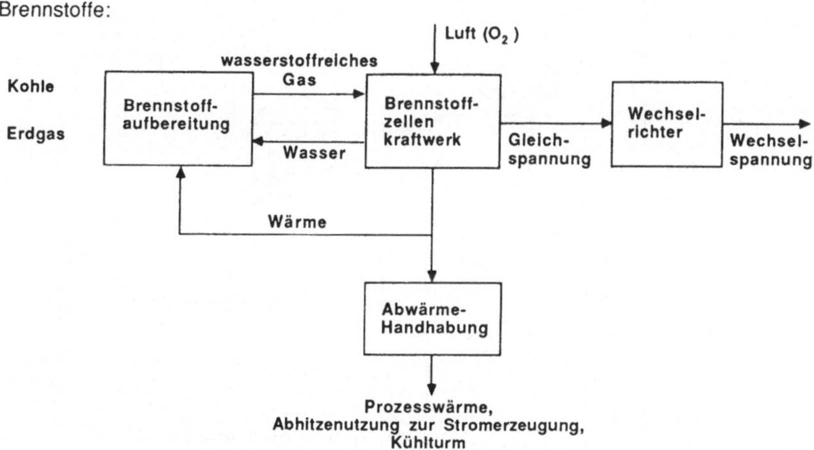

Bild 4.5-1: Prinzip eines Brennstoffzellen-Kraftwerks

Zunächst wird der Brennstoff in ein wasserstoffreiches Gas, das für den Betrieb der Brennstoffzelle notwendig ist, aufbereitet. Als Brennstoff für den Kraftwerksbereich kommen hauptsächlich Erdgas bzw. Kohlegas in Frage. In der Brennstoffaufbereitung werden die zur Verfügung stehenden Gase gereinigt, reformiert und invertiert. Der zulässige Verunreinigungsgrad steigt mit der Betriebstemperatur der Brennstoffzelle, so daß, allgemein gesagt, die SOFC gegenüber Verunreinigungen am unempfindlichsten ist. Neben dem Brenngas muß als Oxidationsmittel Luft bzw. Sauerstoff der Brennstoffzelle zugeführt werden. Die erzeugte Gleichspannung wird in einem Wechselrichter in Wechselspannung umgewandelt. Dem Brennstoffzellenteil wird insbesondere bei den Hochtemperatur-Brennstoffzellen ein Abwärmenutzungsteil, das aus Gasturbine und Dampfturbine bestehen kann, nachgeordnet. Entwicklungsarbeit ist bei der Brennstoffaufbereitung, insbesondere am Reformer, der Brennstoffzelle selbst und dem Wechselrichter sowie den mechanischen Komponenten zur Handhabung der Gase bei 650°C bzw. 950°C, nötig.

Wie bereits erwähnt, wurden in den letzten Jahren in Japan zwei 1-MW-PAFC-Demonstrationskraftwerke realisiert und erfolgreich erprobt. Im Bild 4.5-2 ist das Flußdiagramm eines solchen Kraftwerkes dargestellt.

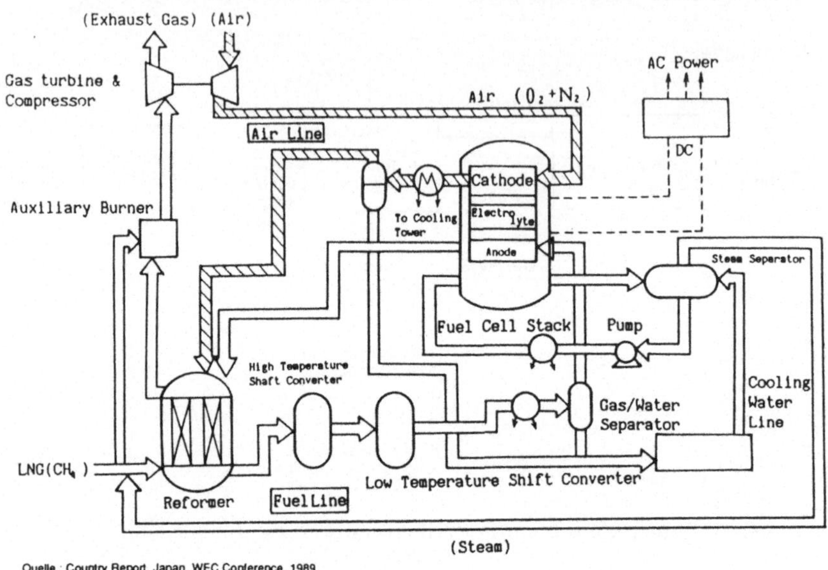

Bild 4.5-2: Flußdiagramm 1-MW-PAFC-System

Brenngas ist hier Erdgas, das zunächst reformiert wird, dann durch einen Shiftreaktor und einen Wasserabscheider läuft und die Anode versorgt. Das Restgas, das noch brennbare Anteile enthält, dient der Beheizung des Reformers. Die Kathode wird mit Luft als Oxidationsgas versorgt. Das dort austretende Luft-Wassergemisch wird über einen Wasserabscheider ebenfalls der Reformerheizung zugeführt. Bei dem hier gezeigten Beispiel handelt es sich um eine wassergekühlte, phosphorsaure Brennstoffzelle.

Die von der japanischen Entwicklungsbehörte NEDO vorgegebenen Ziele wurden erfüllt, der Gesamtwirkungsgrad der Anlage lag etwas über den geforderten 40 %.

Um einen Größenvergleich mit anderen konventionellen Systemen zu ermöglichen, ist im Bild 4.5-3 das Design einer 200-kW-PAFC-Anlage dargestellt. Die Gasaufbereitung mit dem Reformer als größtes einzelnes Bau-

158

teil benötigt den größten Platzbedarf mit einer Länge von 5 m und einer Gesamthöhe von 3 m. Die Brennstoffzelle sowie der elektrische Teil haben dagegen auf einer Grundfläche von etwa 3 x 3 m² Platz. Im Vergleich dazu würde ein 200-kW-Gasmotor, wie er z.B. bei Blockheizkraftwerken verwendet wird, mit einem wesentlich geringeren Platzbedarf auskommen.

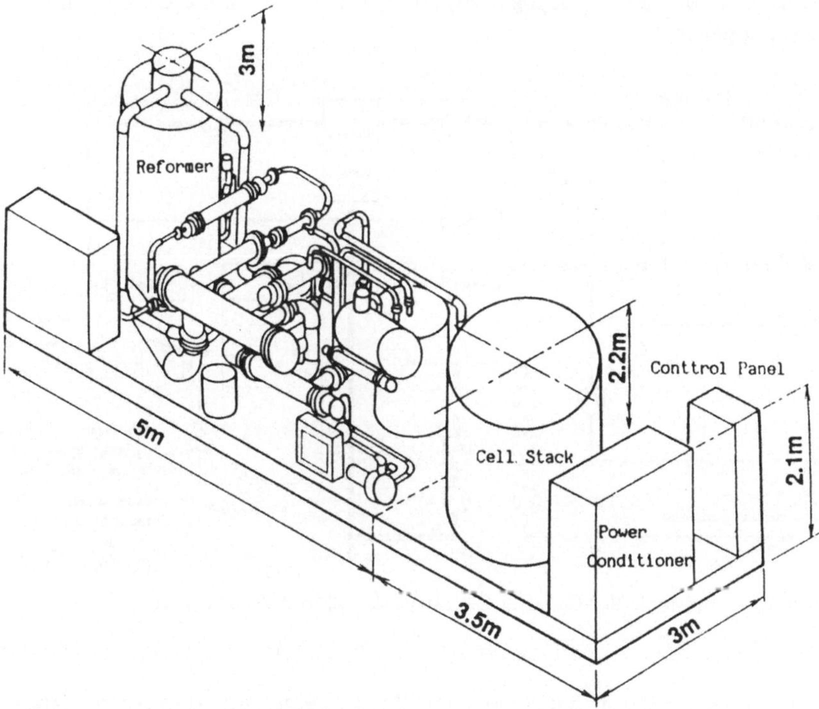

Bild 4.5-3: 200-kW-PAFC-System (Quelle: Counting Report, Japan, WEC Conf. 1989)

Seit etwa zwei Jahren werden bei Siemens UB KWU Studien von Systembeispielen für die Anwendung von Hochtemperatur-Brennstoffzellen in einem Kraftwerk durchgeführt. Im folgenden sollen einige Beispiele, die in Zusammenarbeit mit der Linde AG, im Rahmen eines vom BMFT geförderten Vorhabens, entstanden sind, aufzeigen, welche technischen Möglichkeiten es gibt und welche Forderungen an den Brennstoffzellen-Entwickler daraus zu ziehen sind.

Das erste Beispiel ist das eines 30-MW-MCFC-Kraftwerks mit externer Reformierung. Das Anodengas besteht in diesem Fall aus einem etwas idealisierten Reformergas mit einer Zusammensetzung $H_2 : CO_2 : H_2O = 70 : 20 : 10$. Dazu wird, wie in der Systemschaltung (Bild 4.5-4) gezeigt, das Erdgas zunächst durch eine Hydrierung zum Aufhydrieren schwerer Bestandteile und der Beseitigung des Restschwefels geführt, im Steamreformer reformiert. Das Abgas wird über eine CO_2-Wäsche zur Reformerheizung geführt.

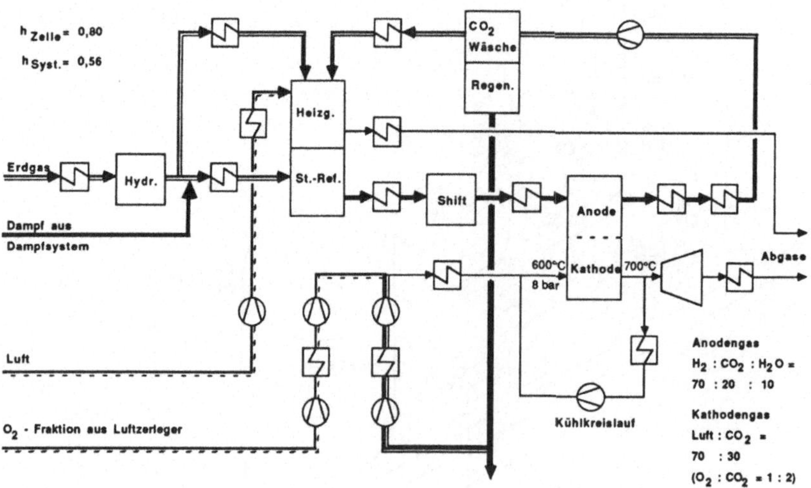

Bild 4.5-4: Beispiel, 30-MW-MCFC-Kraftwerk, externe Reformierung

Die Reformerheizung hat als Regelgröße noch einen direkten Gaseingang. Das ausgewaschene CO_2 wird zum Kathodengasstrom geführt. Der Zelldruck von 8 bar wird durch den notwendigen Druck bei der CO_2-Wäsche bestimmt. Im gezeigten Beispiel wird der Kathode fraktionierter Sauerstoff aus einem Luftzerleger zugeführt. Bei den durchgeführten Systemuntersuchungen stellte sich heraus, daß die Luftzerlegung für den Gesamtwirkungsgrad energetisch günstiger ist, da in diesem Fall weniger Verdichterleistung im Kathodenkühlkreislauf benötigt wird. Die Kathodengasabwärme wird zur weiteren Stromerzeugung benutzt.

Bei einem Zell-Wirkungsgrad von 80 % des theoretisch möglichen Wertes ergibt sich für dieses System ein Gesamtwirkungsgrad von 56 %. Der be-

160

nutzte Zellwirkungsgrad ist ein heute durchaus optimistischer Wert, der aus Versuchen mit kleinen Einzelzellen abgeleitet wurde. Die Entwicklung der MCFC wird in Zukunft zeigen müssen, ob diese Ergebnisse auch für großflächige Zellen erreichbar sind.

Im Bild 4.5-5 ist die Systemschaltung eines MCFC-Kraftwerkes mit interner Reformierung gezeigt. Wie man sofort sieht, werden wesentlich weniger Apparate für die Gasaufbereitung benötigt. Ansonsten sind die Kreisläufe entsprechend dem Schaltbild mit externer Reformierung. Für das Gesamtsystem errechnet sich ein Wirkungsgrad von etwa 64 %, der zu optimistischen Zukunftserwartungen für die druckbetriebene MCFC mit interner Reformierung Anlaß gibt.

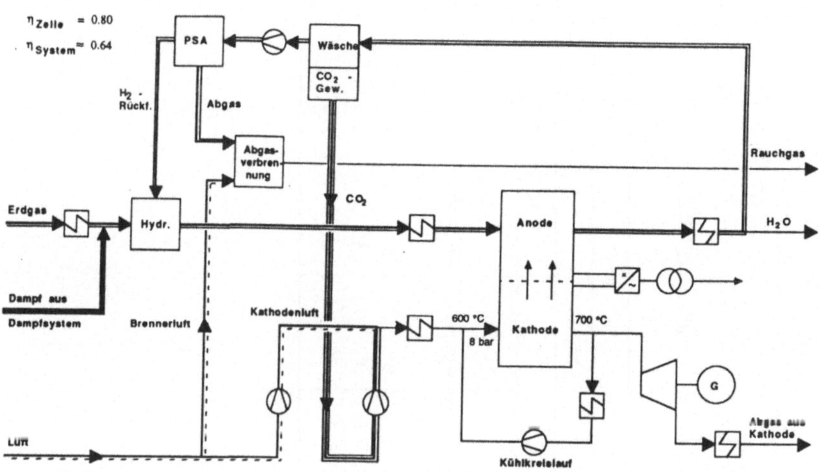

Bild 4.5-5: MCFC, interne Reformierung

Die Systemuntersuchungen zur oxidkeramischen Brennstoffzelle (SOFC) zeigen für diese BZ bis zu acht Prozent-Punkte höhere Systemwirkungsgrade. Allerdings muß auch hier darauf hingewiesen werden, daß dabei ein BZ-Systemdruck von acht bar unterstellt wird. Bei höheren Drücken bis 20 bar läßt sich der Gesamtwirkungsgrad noch steigern. Dies stellt für den BZ-Entwickler eine hohe Herausforderung dar. Bisher sind noch keine unter Druck betriebenen oxidkeramischen Zellen bekannt.

Eine Übersicht der Zwischenergebnisse der laufenden Untersuchungen verschiedener Systemvarianten ist in Tabelle 4.5-3 gegeben. Augenschein-

Tabelle 4.5-3: Zwischenergebnis der Projektdefinitionsphase HT-BZ Siemens/Linde. Zusammenstellung verschiedener Parameter.

Einsatz	Erdgas							
Zelltyp	MCFC				SOFC			
Gaserzeugung	extern		intern		extern		intern	
Oxidation mit:	Luft	O_2-Frakt.	Luft		Luft	O_2-Fr	Luft	O_2-Fr.
Druck-Bereiche	$P > 8$ bar wegen CO_2-Wäsche				Optimierung: $2 < P < 16$ bar			
Typischer Fall:								
Druck, bar	8	8	8	16	8	8	8	
Zell-Wirk.-Grad	.7 .8	.8	.8	.8	.8	.8	.8	
Ges.-Wirk.-Grad	.48 .53	.55	$\approx$ .60	$\approx$ .58	$\approx$ .60	$\approx$ .57	$\approx$ .68	

lich ist, daß für beide HT-Brennstoffzellen die interne Reformierung die besten Systemwirkungsgrade liefert. Bei der MCFC bis zu 60%, bei der SOFC können etwa 68% erwartet werden. Daraus läßt sich für die weitere Entwicklung ableiten, daß neben der Stackentwicklung die der internen Reformierung mit billigen Katalysatoren verstärkt in Angriff genommen werden sollte.

Systemuntersuchungen von anderen Entwicklungsgruppen, z. B. in den Niederlanden oder den USA, bestätigen diese Ergebnisse.

Wie bereits bemerkt, wird der Eingangsmarkt für die Brennstoffzelle bei den kleineren Einheiten etwa von 100 bis 200 kW liegen. Das nächste Beispiel gibt deshalb eine Konzeption eines Blockheizkraftwerkes für die Strom- und Wärmeversorgung eines Verwaltungsgebäudes wieder (Bild 4.5-6). Die Daten für den Strom- und Wärmeverbrauch stammen aus einem Verwaltungsgebäude, das mitten in Erlangen steht. Dieses Beispiel wurde für einen Spitzenbedarf von 1,5 MW ausgelegt. Obwohl die durchschnittliche Nutzungsdauer nur ca. 2300 h/Jahr beträgt (das rührt von dem unterschiedlichen Tag/Nachtbedarf und dem geringen Energiebedarf an den Wochenenden her), zeigte sich bei einer Wirtschaftlichkeitsbetrach-

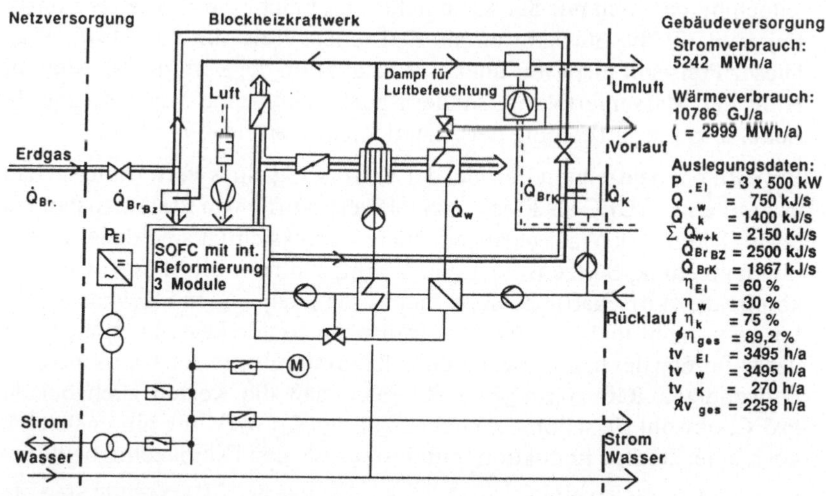

Bild 4.5-6: Konzeption einer BHKW-Anlage mit Brennstoffzelle für die Strom-und Wärmeversorgung eines Verwaltungsgebäudes

tung, daß dieses Konzept eines BHKW mit einer SOFC als Energiewandler durchaus vergleichbar ist mit der für dieses Gebäude heute gewählten Versorgung aus dem öffentlichen Strom- und Fernheiznetz.

4.5.3 Wirtschaftlichkeit von Brennstoffzellenkraftwerken

Bei dem heutigen Stand der Entwicklung der Brennstoffzelle sind konkrete Aussagen über die Wirtschaftlichkeit von Brennstoffzellenkraftwerken nur bedingt zu machen, da es nur bei der PAFC schon größere Einheiten gibt, die beiden HT-BZ jedoch noch im Entwicklungsstadium sind und über diese Systeme deshalb keine konkreten Zahlen vorliegen.

Für die PAFC sei hier ein Überblick über die derzeitigen Preise von Stack-Systemen gegeben, soweit sie bekannt sind. Die IFC (International Fuel Cell Company) bietet z. Z. weltweit ein 200-kW-PAFC-System mit einem Gesamtpreis von US-$ 500000 an, d. h. für ca. 4500 DM/kW. Soweit bekannt, ist das Ziel von 100 Aufträgen, mit dem dieser Preis verknüpft ist, noch nicht erreicht.

Von Fuji Electric werden derzeit PAFC-Systemkosten angegeben, die deutlich oberhalb derer von IFC liegen. Im Gegensatz zu IFC ist Fuji jedoch bereit, auch nur Stacks zu liefern und nicht nur das ganze System. Fuji gibt für die Stackkosten als Ziel einen Preis von 700 DM/kW an. Dieser Preis soll nicht nur über eine Reduktion der Fertigungskosten mit Hilfe der Massenfertigung, sondern auch durch eine Verbesserung der Zelle, also eine Erhöhung der Energiedichte, erreicht werden.

Bei dem oben gezeigten Beispiel der Versorgung eines Verwaltungsgebäudes mit einer SOFC als Blockheizkraftwerk wurde von Systemkosten von etwa 1800 DM/kW ausgegangen. Nicht berücksichtigt sind dabei Kosten für Bautechnik, Spitzenkessel und Wärmezentrale. Mit dieser Annahme konnte die Wirtschaftlichkeit gezeigt werden. Die reinen Stackkosten dürfen dann nicht mehr als etwa die Hälfte der Systemkosten betragen. Aus der Differenz der heute angebotenen BZ-Systeme und den wahrscheinlich notwendigen Reduzierungen sieht man, daß die Kosten auch bei der PAFC, obwohl sie schon eine über 20jährige Entwicklung hinter sich hat, noch einer starken Reduktion (mindestens um den Faktor zehn) bedürfen.

Wegen des noch frühen Entwicklungsstandes bei der MCFC und der SOFC sind Abschätzungen für Systemkosten naturgemäß schwer. In diesem Beitrag soll nicht spekuliert werden. Es können jedoch Angaben über

notwendige Entwicklungsziele gemacht werden. In einer Veröffentlichung
im Rahmen der Weltenergiekonferenz werden die Entwicklungsziele für
die Kosten von Brennstoffzellensystemen in den USA für die MCFC bei
zentralen erdgasbefeuerten Kraftwerken mit 600 $/kW, bei der SOFC mit
500 $/kW angegeben. Für ein zentrales, mit Kohlegas befeuertes Kraft-
werk werden bei der MCFC Kosten von 1200 $/kW und bei der SOFC von
1000 $/kW erwartet (Tabelle 4.5-4).

Tabelle 4.5-4: Entwicklungsziele für BZ-Systeme in den USA (Quelle: WEC, USA-
Beitrag, Richard Woods, GRI)

Parameter	PAFC	MCFC	SOFC
Kapitalkosten: Erdgas-gefeuertes Kraftwerk – zentral – dezentral	 800 $/kW 1000-1300 $/kW	 600 $/kW 1000 $/kW	 500 $/kW 1000 $/kW
Kohlegas-gefeuertes Kraftwerk – zentral	 –	 1200 $/kW	 1000 $/kW
Wirkungsgrad: Erdgas-gefeuertes Kraftwerk – zentral – dezentral	 45-50% 36-40%	 55-60% 45-60%	 55-60% 40-55%
Kohlegas-gefeuertes Kraftwerk – zentral	 40-50%	 50-55%	 50-55%

Werden diese Entwicklungsziele erreicht, kann eine Wirtschaftlichkeit für
die Brennstoffzellenkraftwerke und damit Konkurrenzfähig zu bestehenden Energieerzeugungssystemen aufgezeigt werden. Nach den uns heute
vorliegenden Informationen wird es noch eines langen Weges mit großen
Entwicklungsanstrengungen bedürfen, um dies zu erreichen. Nichtsdestoweniger sollte der hohe erreichbare Wirkungsgrad und damit die auch für
unsere Umwelt verbundenen Vorteile Anreiz genug sein, die Entwicklung
entschlossen anzupacken und auch die wirtschaftlichen Ziele zu erreichen.

5 Forschungsvorhaben

5.1 Brennstoffzellen: Ein zentrales Arbeitsthema des ZSW in Stuttgart

H. Wendt, V. Plzak, B. Rohland
ZSW Stuttgart

5.1.1 Einleitung und Begründung

Brennstoffzellen dienen zur Elektrizitätserzeugung durch kalte, elektrochemische Verbrennung von Wasserstoff. Ihre Wirkungsweise ähnelt der einer elektrischen Batterie, mit dem Unterschied, daß die Energie der Brennstoffzelle nicht in der Zelle gespeichert, sondern ihr in Form der chemischen Energie von Wasserstoff oder eines anderen geeigneten gasförmigen Brennstoffs, wie aus Kohle erzeugtes Kohlegas oder Erdgas, zugeführt wird. In der Brennstoffzellenanlage wird – mit der Ausnahme der hochtemperaturoxidkeramischen Technik – aus jedem Brennstoff zunächst durch chemische Umsetzung Wasserstoff gewonnen, der sodann in der Zelle verstromt wird.

Die Brennstoffzellentechnik ermöglicht die Verstromung von Erdgas und Kohle sowie von Reinstwasserstoff mit Wirkungsgraden, die von Wärmekraftmaschinen herkömmlicher Bauart in aller Regel nicht oder nur in Spezialfällen erreicht werden.

Für die stationäre Stromerzeugung stehen heute schon kommerziell Brennstoffzellenanlagen der **phosphorsauren Technik** (PSBZ) im Leistungsbereich von 200 kW zur Verfügung, die, in der Kraftwärmekopplung eingesetzt, bei der Verstromung von Erdgas elektrische Systemwirkungsgrade von 40 % aufweisen und unter Berücksichtigung der zusätzlich abgegebenen Niedertemperaturwärme Nutzungsgrade von rund 80 % erreichen. Eine weitere Verbesserung des Wirkungsgrades der Stromerzeugung bis nahe 50% scheint im Prinzip möglich.

Die noch in der Entwicklung befindlichen Hochtemperatur-BZ-Techniken der **Karbonatschmelzenzelle** (KSBZ) und der **oxidkeramischen Zelle** (OKBZ) lassen bei deutlich höheren Zellenwirkungsgraden, als sie die phosphorsaure Technik aufweist, auch sehr viel höhere Systemwirkungsgrade erwarten. Man schätzt heute bei Verwendung dieser Hochtemperaturtechniken für die Kohleverstromung in Großkraftwerken der Größe von 10 bis 100 MW Systemwirkungsgrade von rund 52% und erwartet für die Erdgasverstromung noch bis zu acht Prozent-Punkte höhere Wirkungsgrade.

Dieser Umstand läßt es als unerläßlich erscheinen, daß die Brennstoffzellentechnik in den nächsten zehn bis zwanzig Jahren zielbewußt so weit entwickelt wird, daß sie schließlich für die großtechnische Stromerzeugung zur Verfügung steht und dank ihres hohen Wirkungsgrades einen wesentlichen Beitrag zur Verminderung der CO_2-Emission und damit zur Lösung des Treibhausproblems liefern kann.

5.1.2 Das Programm des Fachgebietes Elektrochemische und Chemische Wasserstofftechniken (ECW) beim ZSW

Die Fachabteilung ECW innerhalb des Geschäftsbereiches 2 des ZSW in Stuttgart wird sich bewußt auf die **Technik** der Brennstoffzellen und ihres Umfeldes konzentrieren und Grundlagenuntersuchungen dem GB 3 des ZSW in Ulm, den Universitätsinstituten und Großforschungseinrichtungen wie DLR, Forschungszentrum Jülich oder Fh-ISE überlassen. Zu den Arbeitsgebieten von ECW gehören: Herstelltechniken von Zellenkomponenten und Zellensystemen, chemische Prozeßtechnik von Brennstoffzellen unter Einschluß der Wasserstoffgastechnik sowie die Systemtechnik von Brennstoffzellensystemen, die vor allem für stationäre Stromversorgung in größem Maßstab gedacht sind.

Das ZSW strebt eine Mittlerrolle zwischen Forschung und Industrie an. Im FB ECW werden die genannten Basistechnologien erarbeitet und entwickelt, um die entsprechenden Kenntnisse der Industrie zur Auswertung und Entwicklung marktreifer Produkte zur Verfügung zu stellen und sie bei industrieeigenen Entwicklungen zu unterstützen.

5.1.3 Arbeitsschwerpunkte

Das ZSW wird sich auf dem Brennstoffzellengebiet vor allem mit der Entwicklung der Karbonatschmelzentechnik und der Weiterentwicklung und zügigen Einführung der phosphorsauren Technik befassen, wobei eine Zusammenarbeit mit Firmen, die ebenfalls auf diesem Gebiet tätig sind (z. B. MBB), angestrebt wird.

5.1.3.1 Demonstration einer BHKW-Anlage der phosphorsauren Technik der 100-kW-Klasse

Die Installation einer eigenen 200-kW-BHKW-Anlagen der PHFC-Technik hat als Ziel, gemeinsam mit Firmen der Gaswirtschaft und EVUs Betriebserfahrungen im Verstromen von Erdgas, Kohlegas und Wasserstoff bei gleichzeitiger Abwärmenutzung zu sammeln. Diese Anlage soll gleichzeitig deutsche Firmen zum Bau von Gasversorgungs- und Inverter-Anlagen für Brennstoffzellensysteme anregen und der Keim eines allgemein nutzbaren Prüffeldes für BZ-Anlagen und BZ-Systemkomponenten beim ZSW in Stuttgart werden. Der Schwerpunkt der experimentellen und Entwicklungsarbeiten bezüglich der phosphorsauren Technik soll beim ZSW – aufbauend auf dem durch AEG bis Anfang der 80er Jahre erworbenen Kenntnisstand – bei der Entwicklung und Herstelltechnik kleiner Zellen (1 bis 5 kW) und der Systemtechnik der Gesamtanlage liegen. Besondere Aufmerksamkeit soll dem Thema „Legierungskatalysatoren und alternative Substrate für die Sauerstoffkathode" gewidmet werden.

5.1.3.2 Entwicklung von Zellkomponenten und Zellen der Karbonatschmelzentechnik

Bei weitem größer ist der geschätzte Aufwand für die Entwicklung der Karbonatbrennstoffzelle, die, zum größeren Teil durch die Industrie und das BMFT finanziert, soweit führen soll, daß nach etwa sieben bis zehn Jahren die Entwicklung von der Industrie bis zur Markteinführung zu Ende geführt werden kann. Hier möchte sich das ZSW mit hohem Personal-und Mittelaufwand beteiligen. Außer der Materialentwicklung und Verbesserung der Komponenten werden Herstelltechniken erarbeitet und die Betriebstechnik dieser Zellen bearbeitet.

5.1.4 Sonstige Vorhaben und begleitende Aufgaben

5.1.4.1 Alkalische Brennstoffzellen für die Elektrotraktion und Großverstromung von Wasserstoff

Die alkalische Brennstoffzellentechnik (ABZ, AFC), die heute als hoch entwickelte, aber sehr teure Technik für die Raumfahrt und militärische Verwendung (Kleinanlagen bis 100 kW) verfügbar ist, stellt eines der Arbeitsunterprogramme des ZSW dar. Es ist nicht auszuschließen, daß die alkalischen Brennstoffzellen neben den noch zu entwickelnden Membranbrennstoffzellen (PMBZ) künftig einmal in der Verkehrstechnik in Konkurrenz zum wasserstoffbetriebenen Ottomotor als abgas- und geräuscharme, hocheffiziente Energiequelle eine Rolle spielen werden. Voraussetzung hierzu ist allerdings die Entwicklung ganz neuartiger Konzepte in der Herstelltechnik, die ein wesentliches Kostensenkungspotential für die alkalische Technik mit dem Ziel eröffnen, bei der Großserienherstellung eine Verbilligung um mehr als den Faktor 100 zu erreichen.

Alkalische Zellen für die Großverstromung von Wasserstoff haben in einer zukünftigen Wasserstoffwirtschaft ihre besondere Rolle. Derartige Systeme existieren heute noch nicht und müssen ganz neu entwickelt werden. Auch für diesen Zweck müssen Herstellmethoden entwickelt werden, die zu einer drastischen Kostensenkung für alkalische Zellen führen können. Der Fachbereich ECW nimmt sich als Aufgabe vor, in einer Untersuchung zusammen mit Fachleuten der in Frage kommenden Industriezweige die Kostensenkungspotentiale unterschiedlicher Herstelltechniken auszuloten und zu vergleichen.

5.1.4.2 Verfahrenstechnik der Wasserstoffgas-Herstellung

Ergänzt werden die BZ-Tätigkeiten des ECW durch Arbeiten zur Verfahrenstechnik der Wasserstoffdarstellung aus Methan bzw. Methanol oder aus Kohlegas und die Reinigung des so hergestellten Rohwasserstoffs durch moderne Membran- bzw. Ad- und Absorptionsverfahren in Kleinanlagen, wie sie hauptsächlich für Brennstoffzellenanlagen der 100-kW-BHKW-Klasse bzw. für leichte Niedertemperaturzellen (ABZ und PMBZ) für die Elektrotraktion (Speichertreibstoff Methanol) benötigt werden. Für die Hochtemperaturtechnik der Karbonatschmelzenzelle ist es besonders wichtig, angepaßte Hochtemperaturgasreinigungsverfahren für den Wasserstoff bzw. Hochtemperaturtrennverfahren für Kohlendioxid zu entwickeln.

5.2 Arbeitsschwerpunkte des Fraunhofer-Institutes für Solare Energiesysteme im Bereich Brennstoffzellentechnologie

K. Ledjeff, A. Heinzel
Fraunhofer-Institut für Solare Energiesysteme, Freiburg

Die Speicherung von Solarstrom für lange Zeiträume erfolgt über chemische Energieträger in Akkumulatoren oder insbesondere über den durch Elektrolyse leicht zu erzeugenden Wasserstoff. Die zur Zeit im Fh-ISE bearbeiteten Projekte sind:

- Entwicklung von kompletten Energiespeichersystemen
- die Karbonatbrennstoffzelle
- Ionenaustauschermembranen in elektrochemischen Systemen.

Im Rahmen eines vom Land Baden-Württemberg geförderten Projektes wird ein Energiespeicher für den Jahreszyklus eines solar versorgten Einfamilienhauses aufgebaut. Ein Bleiakkumulator mit zehn kWh dient als Kurzzeitspeicher und Puffer für höhere Leistungen, ein Wasserstoffsystem übernimmt die Langzeitspeicherung mit Elektrolyseur und Brennstoffzelle relativ kleiner Leistung (unter ein kW). Der Aufbau des Systems ist schematisch in Bild 5.2-1 dargestellt. Das Wasserstoffsystem besteht aus einer alkalischen Brennstoffzelle (Elenco, 600 W) und einem alkalischen Druckelektrolyseur (Metkon, 900 W). Die Wahl fiel auf das alkalische System, weil nur alkalische Brennstoffzellen in dem erforderlichen Leistungsbereich kommerziell verfügbar sind. Die Gase Wasserstoff und Sauerstoff werden ohne weitere Kompression bei einem Druck von 30 bar gespeichert. In simulierten Einstrahlungs- und Verbrauchszyklen wird der Systemwirkungsgrad bestimmt. Die Kopplung des Solargenerators mit dem Speicher und die verschiedenen Verbraucher bestimmen den Nutzungsgrad der verschiedenen, möglichen Energiepfade. Jeder der Energiewandlungsschritte ist mit einem Energieverlust behaftet, der vom Wirkungsgrad der ausgewählten Komponenten abhängt. Die größten Verluste birgt die Bereitstellung elektrischer Energie über die Brennstoffzelle. Der Verbrauch an elektrischer Energie wird daher, soweit wie ohne Komfortverzicht möglich, eingeschränkt. Ein katalytischer Kocher z. B. gewährleistet die Erzeugung von Hochtemperaturwärme zum Kochen, wenn kein Solarstrom zum Betrieb des elektrischen Kochers zur Verfügung steht. Der Aufbau des Speichers inklusive einer automatischen Steuerung und Über-

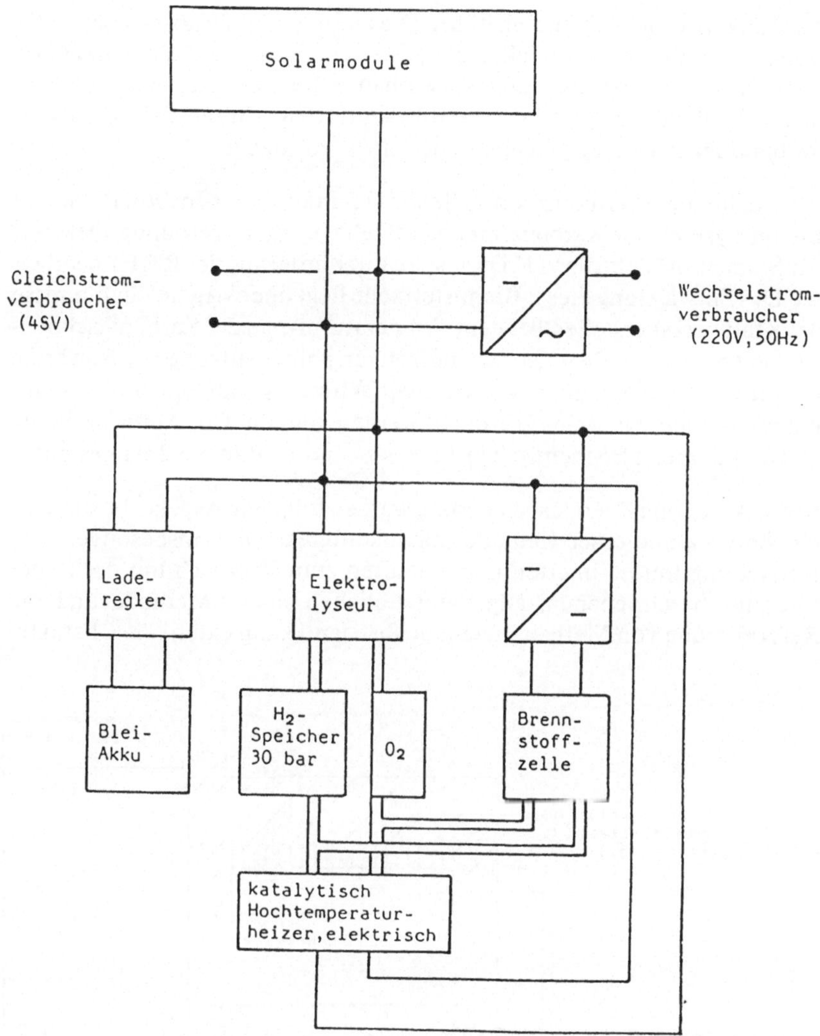

Bild 5.2-1: Aufbau des Jahresspeichers, Schematische Darstellung

171

wachung wird zur Zeit durchgeführt. Die kommerziellen alkalischen Elektrolyseure und Brennstoffzellen benötigen eine sensible Gasregelung und Kontrolle des Elektrolyt- und Wasserhaushaltes. Die kompakteren und unempfindlicheren Membranelektrolyseure bzw. -Brennstoffzellen sind im benötigten Leistungsbereich noch nicht verfügbar.

Als Hochtemperaturbrennstoffzelle wird im Fraunhofer-Institut für Solare Energiesysteme die Karbonatbrennstoffzelle in einem Verbundprojekt mit der Siemens AG und der TH Darmstadt mit Förderung des BMFT bearbeitet. Die Entwicklung dieser Brennstoffzelle liegt überwiegend im Interesse der Kraftwerkshersteller. Bei dem Temperaturniveau der Karbonatschmelze von 650°C ist neben der Stromerzeugung eine Nutzung der Abwärme möglich, so daß bei einem elektrischen Wirkungsgrad von 60% Gesamtnutzungsgrade von ca. 80% erreicht werden können. Der Aufbau und die ablaufenden elektrochemischen Prozesse sind in Bild 5.2-2 dargestellt.

In der Abteilung Energiespeicherung werden folgende Aspekte bearbeitet: die Entwicklung einer Kathode (Sauerstoffelektrode), insbesondere die Herstellung mit definierten Eigenschaften zum Vergleich mit der in der Literatur beschriebenen, allgemein üblichen in-situ-Methode und die Reformierung von Methan. In einem Teststand kann extern die Charakte-

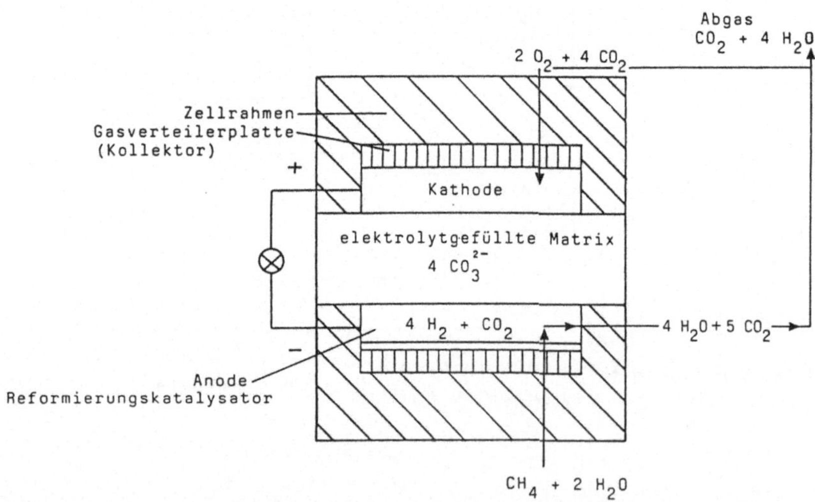

Bild 5.2-2: Schema einer Karbonatbrennstoffzelle mit interner Reformierung

172

risierung von Katalysatoren durchgeführt werden. Das Ziel der Arbeiten ist die Realisierung der internen Reformierung, die die Karbonatbrennstoffzelle erst mit anderen fortschrittlichen Krafftwerkstypen konkurrenzfähig macht. Eine Einheit zur präzisen Gasmischung und -dosierung sowie ein Massenspektrometer zur Analyse der Abgase liefern die Meßdaten zur Reformierung in der Zelle.

Der Einsatz von Ionenaustauschermembranen in elektrochemischen Systemen gewinnt zunehmend an Bedeutung. Die kommerzielle Nafion®-Membran als polymerer Festelektrolyt ermöglicht den Aufbau kompakter Elektrolyse- und Brennstoffzellen, wie in Bild 5.2-3 und 5.2-4 skizziert. Die mit dem Elektrokatalysator belegte Membran zeigt eine Reihe von Vorteilen: ein niedriger Elektrolytwiderstand wird durch eine geringe Membrandicke und eine hohe Ionenaustauschkapazität erreicht. Die geringen Transportüberspannungen führen zu hohen Leistungsdichten bei gutem Wirkungsgrad.

Die Reaktionsstoffe Wasserstoff, Sauerstoff und reines Wasser ermöglichen den Aufbau wartungsfreundlicher Systeme, die auch für Anwendungszwecke mit geringerer Leistung geeignet sind. An diesen Systemen wird intensiv gearbeitet, um ein verbessertes Energiespeichersystem für

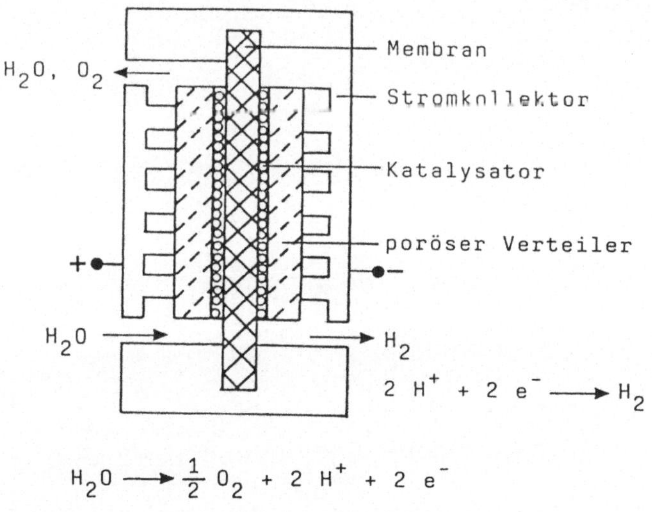

Bild 5.2-3: Prinzip der Membranelektrolyse

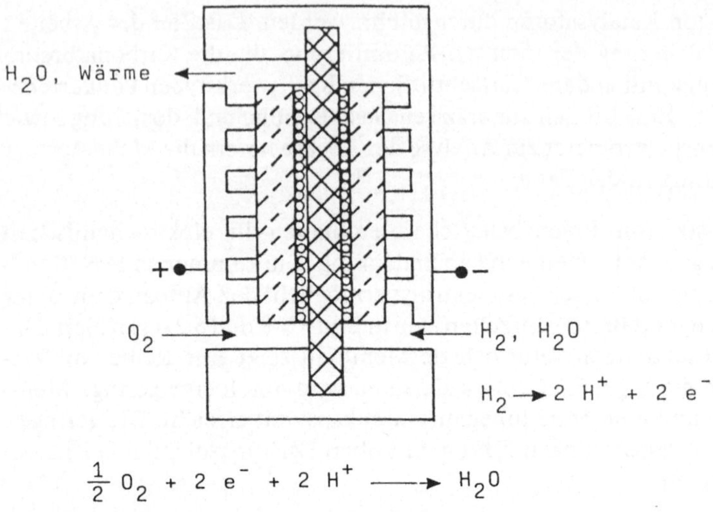

Bild 5.2-4: Prinzip der Membranbrennstoffzelle

den Einsatz in solaren Anlagen zur Verfügung stellen zu können. Die Konstruktion eines Druckelektrolyseurs und erste Messungen an Brennstoffzellen erfolgen zur Zeit.

6 Autorenliste

Dr.-Ing. K. Altfeld
Ruhrgas AG, Betriebe Dorsten
Halterner Straße 125
D - 4270 Dorsten 21

Prof. Dr. E. Barendrecht
TU Eindhoven, Inst. for Electro-
chemistry and Physical Chemistry
P.O. Box 513
NL - 5600 MB Eindhoven

Dr. H. Böhm
AEG Aktiengesellschaft -
GB Opto- und Vakuumtechnik
Söflinger Straße 100
D - 7900 Ulm

Dr. K. Bolwin
DLR, Institut für Technische
Thermodynamik
Pfaffenwaldring 38-40
D - 7000 Stuttgart 80

Prof. Dr. A. J. Burggraaf
University of Twente, Department
of Chemical Technology
P.O. Box 217
NL - 7500 AE Enschede

Dr. W. Drenckhahn
Siemens AG - Unternehmens-
bereich KWU
Postfach 3220
D - 8520 Erlangen

Dr. W. Dönitz
Dornier GmbH, Abteilung FOEH
Postfach 1420
D - 7990 Friedrichshafen 1

Dr. E. Erdle
Dornier GmbH, Abteilung FOEH
Postfach 1420
D - 7990 Friedrichshafen 1

Dr. R. Fleischmann
Daimler-Benz AG, Forschungs-
institut Werkstofftechnik
Goldsteinstraße 235
D - 6000 Frankfurt/M. 71

Dipl.-Phys. O. Führer
Gesamthochschule Kassel
FB 18, Technische Physik /
Arbeitsgruppe Prof. Winsel
Heinrich-Plett-Straße 44
D - 3500 Kassel

Dipl.-Phys. E. Gülzow
DLR, Institut für Technische
Thermodynamik
Pfaffenwaldring 38-40
D - 7000 Stuttgart 80

Dr. L. G. J. de Haart
University of Twente, Department
of Chemical Technology
P.O. Box 217
NL - 7500 AE Enschede

Dr. A. Heinzel
Fraunhofer-Institut für Solare
Energiesysteme
Oltmannstraße 22
D - 7800 Freiburg

Dipl.-Ing. W. Jenseit
TH Darmstadt, Institut für
Chemische Technologie
Petersenstraße 20
D - 6100 Darmstadt

Dipl.-Ing. A. Khalil
TH Darmstadt, Institut für
Chemische Technoloogie
Petersenstraße 20
D - 6100 Darmstadt

Prof. Dr. K. Kordesch
TU Graz, Institut für Chemische
Technologie Anorg. Stoffe
Stremayrgasse 16/III
A - 8020 Graz

Dr. K. Ledjeff
Fraunhofer-Institut für Solare
Energiesysteme
Oltmannstraße 22
D - 7800 Freiburg

Dr. Y. S. Lin
University of Twente, Department
of Chemical Technology
P. O. Box 217
NL - 7500 AE Enschede

Dr.-Ing. V. Plzak
ZSW Stuttgart, Fachgebiet ECW
Pfaffenwaldring 38-40
D - 7000 Stuttgart 80

Dr. W. Schnurnberger
DLR, Institut für Technische
Thermodynamik
Pfaffenwaldring 38-40
D - 7000 Stuttgart 80

Dipl.-Ing. K. Straßer
Siemens AG - Unternehmens-
bereich KWU, Postfach 32 20
D - 8520 Erlangen

Dr. H. Streicher
Lurgi GmbH
Postfach 11 12 31
D - 6000 Frankfurt/M. 11

Prof. Dr. W. Vielstich
Universität Bonn, Institut für
Physikalische Chemie
Wegeler Straße 12
D - 5300 Bonn 1

Dr. K. J. de Vries
University of Twente, Department
of Chemical Technology
P. O. Box 217
NL - 7500 AE Enschede

Prof. Dr. H. Wendt
TH Darmstadt, Institut für
Chemische Technologie
Petersenstraße 20
D - 6100 Darmstadt und
ZSW Stuttgart, Fachgebiet ECW
Pfaffenwaldring 38-40
D - 7000 Stuttgart 80

Prof. Dr. A. Winsel
VARTA Batterie AG - Forschungs-
zentrum
Gundelhardtstraße 72
D - 6233 Kelkheim/Ts.

7 Sachwortverzeichnis